工业机器人技术专业系列教材

GONGYE JIQIREN
CAOZUO YU WEIHU

工业机器人
操作与维护

主　编　熊　薇　　黄桂胜

副主编　谢望晖　　张济明　　龙小光

参　编　周　勇　　区玉姬　　夏文龙

重庆大学出版社

内容提要

本书内容覆盖工业机器人操作、编程、维护及综合应用等方面,包含工业机器人日常操作、工业机器人示教编程与调试、工业机器人I/O通信配置与信号管理、工业机器人高级编程应用、工业机器人日常维护与故障预防、综合应用及工业机器人视觉应用7个项目。本书依据"项目化""任务驱动"理念对内容进行编排,理论与实践相结合,着重培养学生的综合技能与职业素养,图文并茂,简要易学。

本书可作为职业院校机电一体化、工业机器人技术等专业的教材,也可作为有关工程技术人员的参考书。

图书在版编目(CIP)数据

工业机器人操作与维护／熊薇,黄桂胜主编. -- 重

庆:重庆大学出版社,2019.8

工业机器人技术专业系列教材

ISBN 978-7-5689-1767-4

Ⅰ.①工… Ⅱ.①熊… ②黄… Ⅲ.①工业机器人—

教材 Ⅳ.①TP242.2

中国版本图书馆 CIP 数据核字(2019)第 176677 号

工业机器人操作与维护
GONGYE JIQIREN CAOZUO YU WEIHU

主 编 熊 薇 黄桂胜
副主编 谢望晖 张济明 龙小光
责任编辑:苟荟羽 版式设计:苟荟羽
责任校对:张红梅 责任印制:张 策

*

重庆大学出版社出版发行
社址:重庆市沙坪坝区大学城西路 21 号
邮编:401331
电话:(023) 88617190 88617185(中小学)
传真:(023) 88617186 88617166
网址:http://www.cqup.com.cn
邮箱:fxk@ cqup.com.cn(营销中心)
全国新华书店经销
重庆市国丰印务有限责任公司印刷

*

开本:787mm×1092mm 1/16 印张:13.25 字数:329 千
2019 年 8 月第 1 版 2019 年 8 月第 1 次印刷
ISBN 978-7-5689-1767-4 定价:34.00 元

前　言

自 2015 年以来，国务院以及相关部委相继印发了《中国制造 2025》《"十三五"国家战略性新兴产业发展规划》《"十三五"先进制造技术领域科技创新专项规划》等文件，对以 3D 打印、工业机器人为代表的先进制造技术进行了全面部署和推进实施，着力探索培育新模式，着力营造良好的发展环境，为培育经济增长新动能、打造我国制造业竞争新优势、建设制造强国奠定扎实的基础。

佛山市南海区盐步职业技术学校紧跟国家产业导向、顺应产业发展需要，以培养符合时代要求的高素质技能人才为己任，联合佛山市南海区广工大数控装备协同创新研究院，携同广东银纳增材制造技术有限公司，专门成立编委会，以企业实际案例为载体，组织编写了涵盖 3D 打印技术前端、中端、后端全流程以及工业机器人等先进制造技术系列教材。

本书为系列丛书之一，内容覆盖工业机器人操作、编程、维护及综合应用等方面，并依据"项目化""任务驱动"理念对内容进行合理编排，将理论与实操任务相结合，着重培养学生的职业综合技能，书中内容清晰明了、图文并茂、简单易学。本书的基本定位是中职、高职机械类以及机电类专业的机器人应用教材，亦可作为广大机器人爱好者、机器人从业者的自学用书或参考工具书。

本书由佛山市南海区广工大数控装备协同创新研究院熊薇、佛山市南海区盐步职业技术学校的黄桂胜担任主编。在编写过程中，广东银纳增材制造技术有限公司、中峪智能增材制造加速器有限公司、北京天远三维科技有限公司、3D Systems 等提供大量帮助，在此一并表示感谢！

编　者

2019 年 6 月

目 录

项目一

工业机器人日常操作

📖 学习目标

知识目标

- 了解工业机器人的组成。
- 了解工业机器人的规格参数及安全操作区域。
- 了解工业机器人控制柜及示教器结构,了解其安全操作方法。
- 了解工业机器人的不同运行模式的选择依据。
- 了解工业机器人手动运行的快捷设置菜单和快捷按钮。
- 了解六轴工业机器人的关节轴和坐标系。
- 了解关节运动、线性运动和重定位运动。

技能目标

- 能开关工业机器人。
- 能设置操纵杆速率。
- 能使用增量模式调整机器人的步进速度。
- 能操作工业机器人进行关节运动和线性运动。
- 能手动操作工业机器人进行重定位运动。

思政目标

- 在操作过程中,特别强调安全操作规程的重要性,如正确佩戴防护装备、遵守操作流程、避免非授权操作等。这不仅是技术学习的要求,也是对学生安全意识的培养,让学生深刻理解"安全第一"的原则,并养成良好的操作习惯。
- 工业机器人的精确操作要求操作者具备细致入微、精益求精的工匠精神。在学习关节运动、线性运动和重定位运动时,鼓励学生追求操作的精准性和稳定性,通过反复练习和调试,提升技能水平,培养耐心、专注和追求卓越的职业素养。

任务一　工业机器人启动与关机流程

任务描述

在现代化智能制造企业中,工业机器人已成为生产线上的关键设备,它们的高效、精确运行对于保障生产质量和效率至关重要。为确保工业机器人在日常生产中能够稳定、安全地工作,操作人员必须熟练掌握其启动与关机的正确流程。本任务旨在通过实操演练,使操作人员能够将工业机器人的启动与关机流程与企业实际生产任务紧密结合,提升操作技能和安全意识。具体任务是通过旋转控制柜电源开关启动工业机器人系统,使示教器显示开机界面;通过操作示教器界面和旋转控制柜电源开关关闭工业机器人系统。

知识准备

一、工业机器人的组成

工业机器人主要由工业机器人本体、示教器、控制柜组成。示教器通过线缆与控制柜连接,工业机器人本体通过动力线缆和控制线缆与控制柜连接,电源线连接至控制柜为整体供电,如图 1-1 所示。

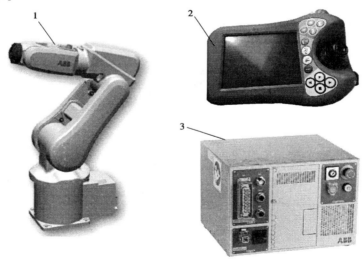

图 1-1　工业机器人的组成
1—工业机器人本体;2—示教器;3—控制柜

二、工业机器人的规格参数

ABB IRB 120 型工业机器人(以下简称机器人),如图 1-2 所示。IRB 120 是 ABB 新型第四代机器人家族成员,也是 ABB 制造的最小机器人之一。IRB 120 具有敏捷、紧凑、轻量的特点,控制精度与路径精度俱优,是物料搬运与装配应用的理想选择。本书介绍工业机器人的操作与编程均以 ABB IRB 120 型工业机器人为例。

机器人的工作范围如图 1-3 所示,工作半径大约为 580 mm,垂直工作高度为 982 mm。因此机器人在工作时,无关人员不得进入机器人工作范围。机器人的详细参数见表 1-1。

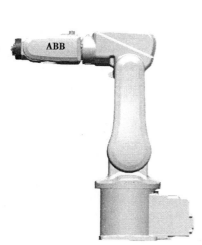

图 1-2　IRB 120 型工业机器人　　　　图 1-3　机器人工作范围（单位:mm）

表 1-1　机器人详细参数

机器人规格参数			
防护等级	IP30	供电电压	200~600 V,50/60 Hz
轴数	6	质量	25 kg
有效载荷	3 kg	安装方式	地面安装/墙壁安装/悬挂
到达最大距离	0.58 m	TCP 最大速度	6.2 m/s
TCP 最大加速度	28 m/s^2	重复定位精度	0.01 mm
运动范围及速度			
轴序号	动作范围		最大速度
1 轴旋转	+165°至 -165°		250°/s
2 轴手臂	+110°至 -110°		250°/s
3 轴手臂	+70°至 -90°		250°/s
4 轴手腕	+160°至 -160°		360°/s
5 轴弯曲	+120°至 -120°		360°/s
6 轴翻转	+400°至 -400°		420°/s

任务实施

一、开启机器人

步骤	说明	图示
1	按照图示将控制柜总开关由 OFF 旋转至 ON 的位置	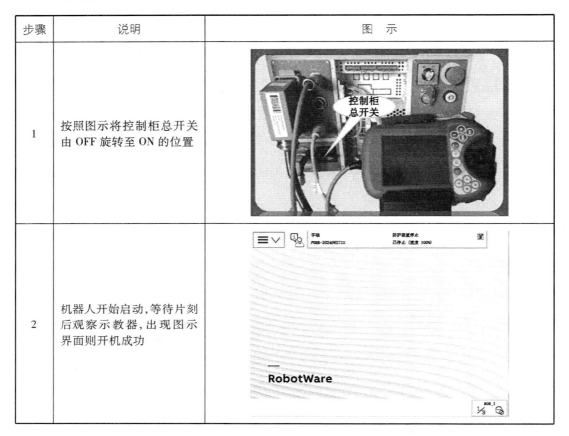
2	机器人开始启动,等待片刻后观察示教器,出现图示界面则开机成功	

二、关闭机器人

步骤	说明	图示
1	按照图示,点击示教器界面左上角的"主菜单"按钮,然后点击"重新启动"	

步骤	说明	图　示
2	示教器弹出图示界面,点击左下角的"高级…"	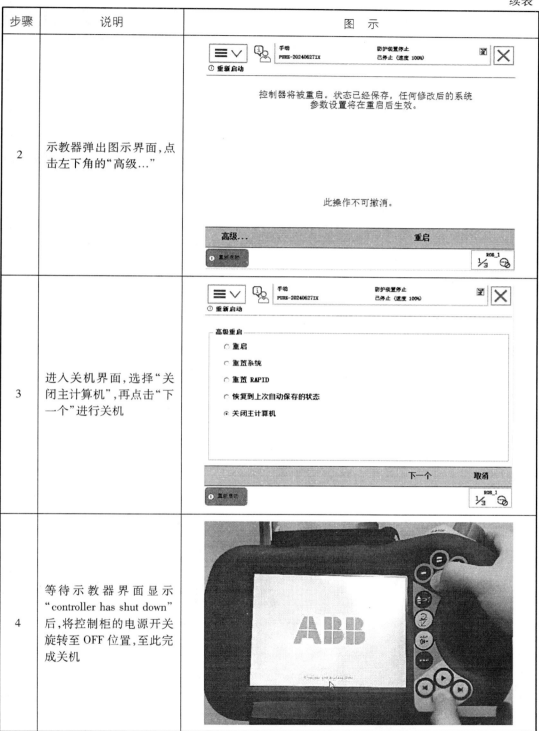
3	进入关机界面,选择"关闭主计算机",再点击"下一个"进行关机	
4	等待示教器界面显示"controller has shut down"后,将控制柜的电源开关旋转至 OFF 位置,至此完成关机	

总结思考

1. 工业机器人的主要组成部分有哪些?
2. ABB 工业机器人的规格参数通常包含哪些?
3. 工业机器人示教器有哪些基本功能?

任务二　工业机器人关节运动模式调试

任务描述

随着企业生产规模的扩大和产品种类的增多,对工业机器人的运动精度和灵活性要求也越来越高。为了确保工业机器人能够在各种工况下稳定运行,需要对工业机器人的关节运动模式进行调试和优化。如图 1-4 所示,机器人本体一共有 6 个关节轴,机器人通过 6 个伺服电机分别驱动 6 个关节轴,每轴是可以单独运动的,且每根轴都有正负运动方向,各个关节轴正负方向如图 1-5 所示。

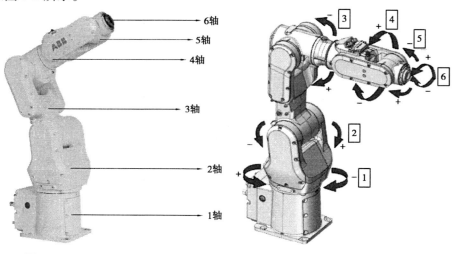

图 1-4　工业机器人 6 个关节轴图　　　　图 1-5　关节正负运动方向图

知识准备

一、运动模式的设置

1. 工业机器人的运动模式

工业机器人的运行模式分为手动模式和自动模式。在手动模式下,例行程序既可以连续向前运行,又可以单步向前/向后运行。运行程序时需一直手动按住使能器按钮。在自动模式下,无须再手动按住使能器按钮,首先按下机器人控制柜上电按钮,再按下程序运行按键,机器人即可自动执行程序语句并且以程序语句设定的速度进行移动。请注意,手动运行模式下运行程序是限速模式,自动模式下是全速模式,所以同一个程序在不同模式下速度差异很大,建议从手动模式转变为自动模式时,先把程序运行速度调低。

在手动模式下,可以进行机器人程序的编写、调试,系统参数的设置等。因此在示教编程过程中,只能采用手动模式。机器人程序编写完成后,需在手动模式下进行调试,程序轨迹正确后,方可使用自动模式。

2. 运动模式的切换方法

步骤	说明	图示
1	在手动模式下调试好的程序,可以在自动模式下运行(图示为手动模式下机器人的状态信息)	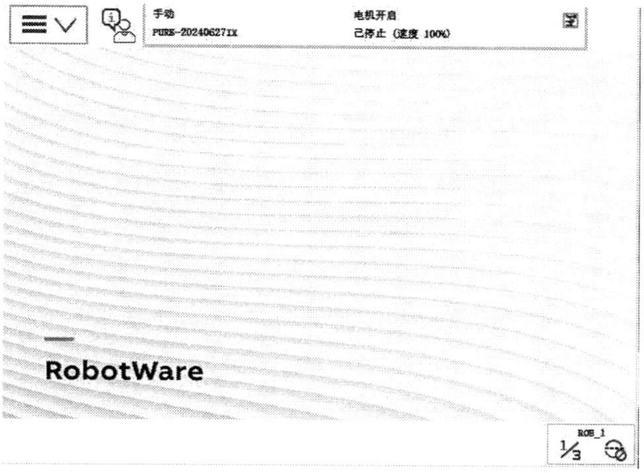
2	在手动模式下,模式开关状态如图所示(此时上电指示灯闪亮)	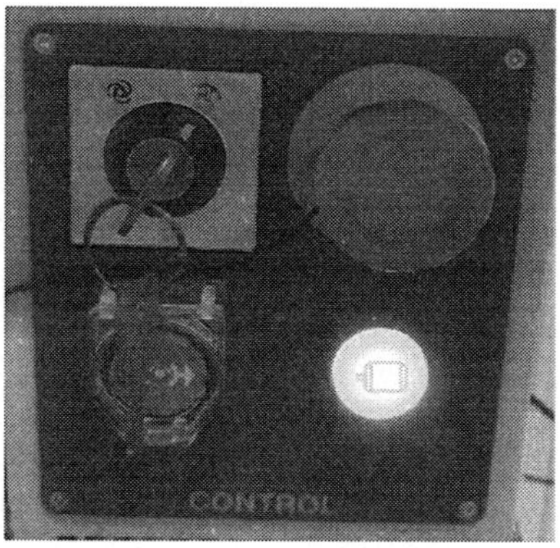
3	转动模式开关到自动模式,如图所示	

续表

步骤	说明	图　示
4	在示教器显示的图示界面,点击"确定"	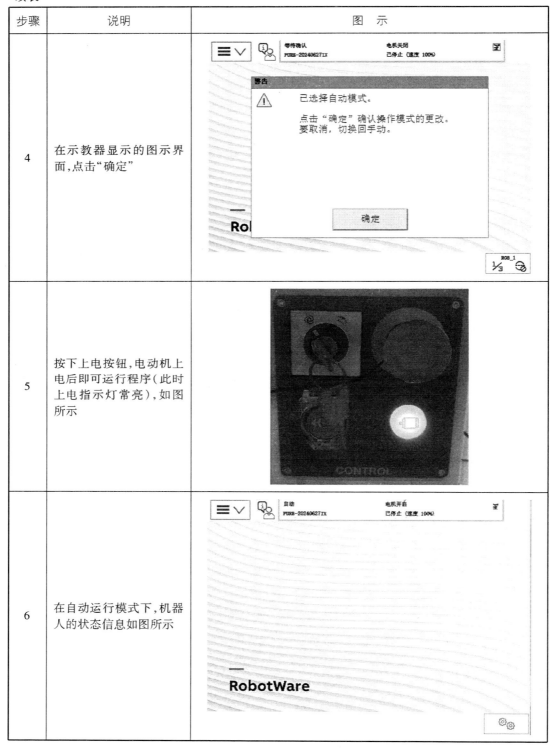
5	按下上电按钮,电动机上电后即可运行程序(此时上电指示灯常亮),如图所示	
6	在自动运行模式下,机器人的状态信息如图所示	

续表

步骤	说　明	图　示
7	自动运行模式切换到手动模式如图所示,只需将模式开关转回手动模式(此时上电指示灯闪亮)	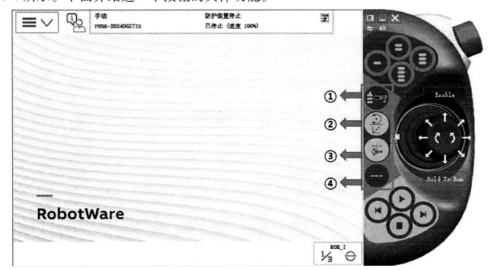

二、手动运行快捷键

机器人手动运行快捷按钮集成了机器人手动运行状态下常用的 4 个参数修改设置功能,如图 1-6 所示。下面介绍这 4 个按钮的具体功能。

图 1-6　手动运行快捷按钮

①选择机械单元按钮:按一次该按钮将更改到下一机械单元。

②重定位/线性运动快捷切换按钮:此按钮可以实现重定位运动与线性运动之间的快捷切换。

③轴 1-3/轴 4-6 快捷切换按钮:此按钮可以实现轴 1-3 与轴 4-6 之间的快捷切换。

④增量模式开/关快捷切换按钮:此按钮可以实现增量模式的开/关快捷切换。

任务实施

步骤	说明	图示
1	按照图示,点击示教器左上角"主菜单"按钮,进入主菜单,点击"手动操纵"	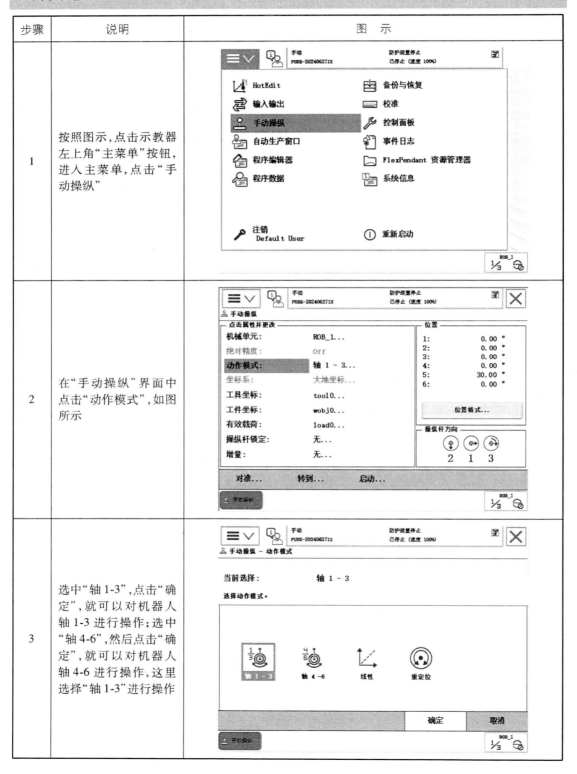
2	在"手动操纵"界面中点击"动作模式",如图所示	
3	选中"轴1-3",点击"确定",就可以对机器人轴1-3进行操作;选中"轴4-6",然后点击"确定",就可以对机器人轴4-6进行操作,这里选择"轴1-3"进行操作	

续表

步骤	说明	图　示
4	用手按下使能器,并在状态栏中确认"电机开启"状态,如图所示	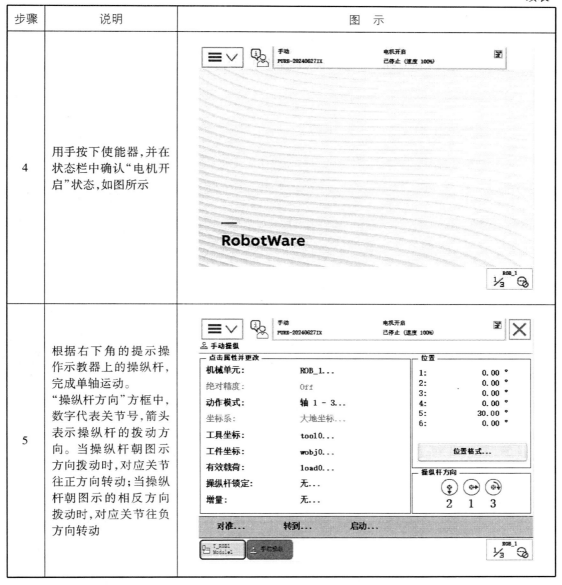
5	根据右下角的提示操作示教器上的操纵杆,完成单轴运动。"操纵杆方向"方框中,数字代表关节号,箭头表示操纵杆的拨动方向。当操纵杆朝图示方向拨动时,对应关节往正方向转动;当操纵杆朝图示的相反方向拨动时,对应关节往负方向转动	

总结思考

1. 工业机器人的运动模式有哪些?
2. 增量模式在工业机器人关节运动中的作用是什么?
3. 如何设置工业机器人移动的速度?

任务三 工业机器人线性运动模式调试

任务描述

工业机器人的线性运动,即 TCP(工具中心点)在三维空间中沿坐标轴进行的线性位移,是实现精准操作的基础。当生产流程需要 TCP 沿特定线性轨迹移动时,采用线性运动模式无疑是最为快捷且高效的选择。在进行工业机器人线性运动模式的调试之前,需根据所使用的工具选择相应的坐标系。在默认情况下,基坐标被用作 TCP 移动方向的基准。若机器人尚未新建工具坐标系,则默认选择"tool0"作为工具坐标;同样地,若未新建工件坐标系,则默认选择"wobj0"作为工件坐标。本任务的核心目标是确保工业机器人在线性运动模式下能够准确、稳定地沿预设的线性轨迹进行移动,从而满足生产线上的高精度操作需求。调试过程中,需对机器人的运动参数进行细致调整,并验证其在不同坐标系下的运动精度与稳定性。

知识准备

机器人是通过记录该位置在某个坐标系的坐标来记住目标位置。在机器人中有多种坐标系,每种坐标系都有它们各自的用途。常用的坐标系有大地坐标系、基坐标系、工具坐标系和工件坐标系,均属于笛卡尔坐标系。

一、大地坐标系

大地坐标系在工作单元或工作站中的固定位置有其相应的零点,大地坐标系对多个机器人或有外轴移动的机器人有帮助。默认情况下,大地坐标系与基坐标系是一样的。

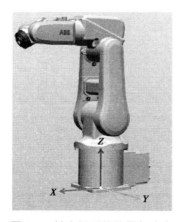

图 1-7 基坐标系的位置与方向

二、基坐标系

基坐标系的原点位于机器人基座。坐标系方向如图 1-7 所示。基坐标系的原点、坐标轴方向固定不变,所以手动操作机器人时,使用基坐标比较方便。在基坐标系下进行线性运动时,拨动操纵杆向前/向后可以控制机器人沿 X 轴正/负方向移动;拨动操纵杆向右/向左可以控制机器人沿 Y 轴正/负方向移动;操纵杆逆时针/顺时针旋转可以控制机器人沿 Z 轴正/负方向移动。

三、工具坐标系

工具坐标系是以工具的参照中心为原点创建的一个坐标系,该参照点称为 TCP(Tool Center Point),即工具中心点。机器人出厂时末端法兰盘未携带工具,此时默认的 TCP 为法兰盘中心点,即工具坐标系 tool0,如图 1-8 所示。所以在机器人中可以根据工具的不同,自定义多个工具坐标系,一般工具坐标系的 X 轴与工具的工作方向一致。工具坐标系在线性运动中起着至关重要的作用,它定义了工业机器人末端执行工具的中心点和姿态,使得机器人在进行线性运动时能够准确地将工具移动到目标位置并保持正确的姿态。通过工具坐标系,可以实现对工具 TCP 的精确控制,从而提高线性运动的精度和稳定性。

四、工件坐标系

工件坐标系主要定义在工作台或工件上,机器人可以建立多个工件坐标系,如图 1-9 所示。机器人出厂时有默认的工件坐标系 wobj0,wobj0 的原点方向与基坐标相同。

图 1-8 默认工具坐标系

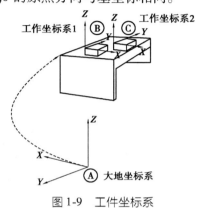

图 1-9 工件坐标系

任务实施

步骤	说明	图　示
1	按照图示,点击示教器左上角的"主菜单"按钮	

续表

步骤	说明	图　示
2	按照图示,点击"手动操纵"	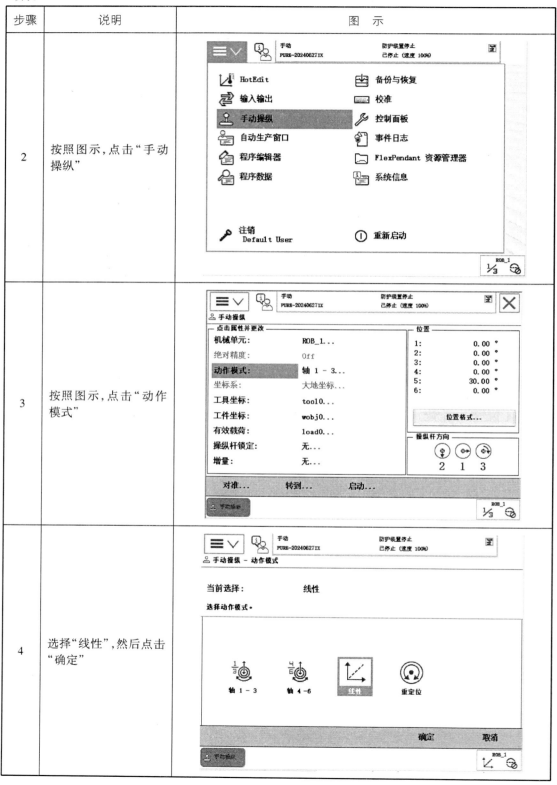
3	按照图示,点击"动作模式"	
4	选择"线性",然后点击"确定"	

续表

步骤	说明	图 示
5	在"坐标系"中选择坐标系,可选择大地坐标、基坐标、工具坐标、工件坐标	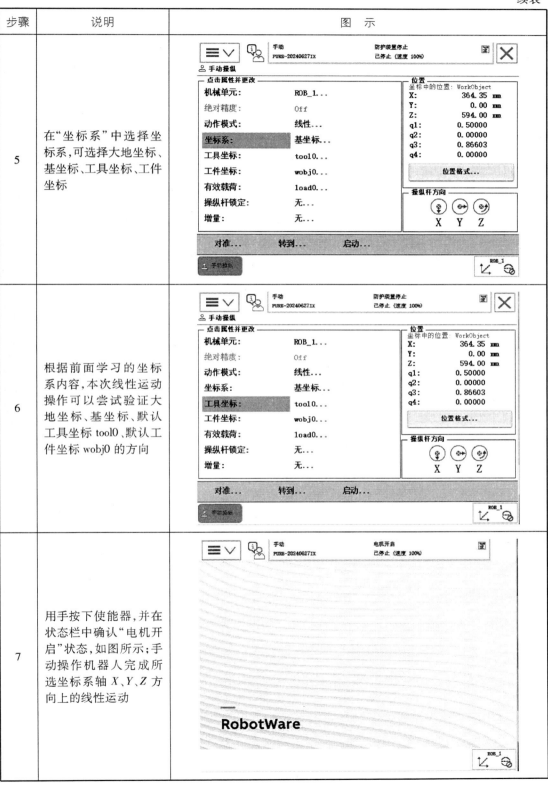
6	根据前面学习的坐标系内容,本次线性运动操作可以尝试验证大地坐标、基坐标、默认工具坐标 tool0、默认工件坐标 wobj0 的方向	
7	用手按下使能器,并在状态栏中确认"电机开启"状态,如图所示;手动操作机器人完成所选坐标系轴 X、Y、Z 方向上的线性运动	

15

总结思考

1. 工业机器人在进行线性运动时,主要依赖哪个坐标系?
2. 简述工具坐标系在线性运动中的作用。

任务四　工业机器人重定位运动精度校验

任务描述

为确保生产线上工业机器人的稳定运行和产品质量的持续提高,需要对关键工序中的工业机器人进行定期的重定位运动精度校验。此校验旨在验证机器人在执行重复定位任务时的精度是否符合既定的生产标准和安全要求,从而保障生产效率和产品质量。机器人的重定位运动是指 TCP 在空间中绕着坐标轴旋转的运动,也可以理解为机器人绕着 TCP 做姿态调整的运动。与机器人需要在某一点位上进行姿态调整时,选择重定位运动是最为快捷方便的。在本任务操作中,使用 TCP 和 Z,X 法($N=4$)来标定工具坐标系,并用重定位运动来检测新工具坐标系的准确性。

知识准备

工具坐标系的定义方法:

为了让机器人的工具沿着操作人员需要的方向运动或让工具的中心点做重定位运动,用户可以自由定义工具的坐标系。工具坐标系定义即定义工具坐标系的中心点 TCP 及坐标系各轴方向,其设定方法包括 $N(3 \leqslant N \leqslant 9)$ 点法、TCP 和 Z 法、TCP 和 Z,X 法。

本次任务采用 TCP 和 Z,X 法($N=4$)来标定工具坐标系。其设定方法如下:

①首先在机器人工作范围内找一个精确的固定点,标定过程中固定点不能移动。

②然后在工具上确定一个参考点(此点作为工具坐标系的 TCP,是工具原点)。

③手动操作机器人,将工具上的参考点以四种不同的姿态尽量与固定点重合。机器人前三个点的姿态相差越大,标定的 TCP 精度越高。第四点把工具的作业方向垂直于固定点,方便五、六点的获取。第五点是工具参考点从固定点向将要设定为 X 的正方向移动,第六点是工具参考点从固定点向将要设定为 Z 的正方向移动。

④机器人通过这几个位置点的位置数据计算出工具坐标系 TCP 的位置和方向数据,然后将这些数据保存在数据类型为 tooldata 的程序数据中,可被程序调用运算。

任务实施

步骤	说明	图示
1	按照图示,点击示教器左上角的"主菜单"按钮	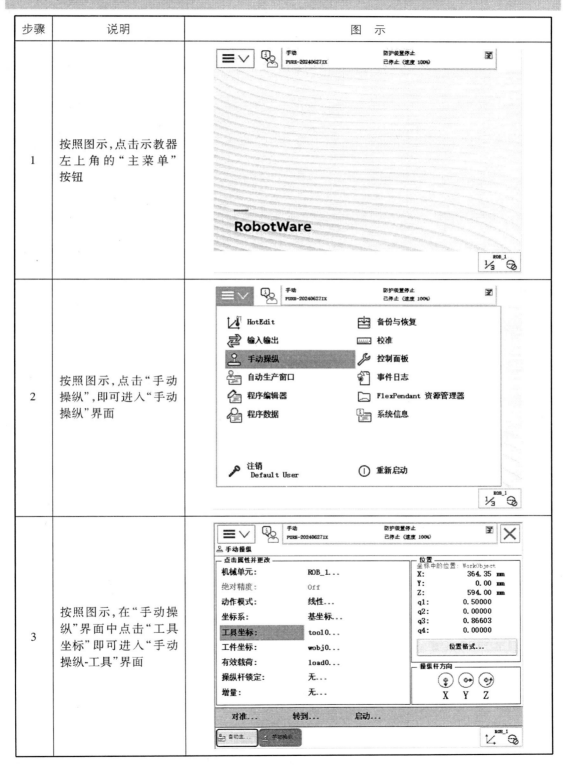
2	按照图示,点击"手动操纵",即可进入"手动操纵"界面	
3	按照图示,在"手动操纵"界面中点击"工具坐标"即可进入"手动操纵-工具"界面	

续表

步骤	说明	图 示
4	按照图示点击"新建…"即可进入"新建工具坐标系"界面	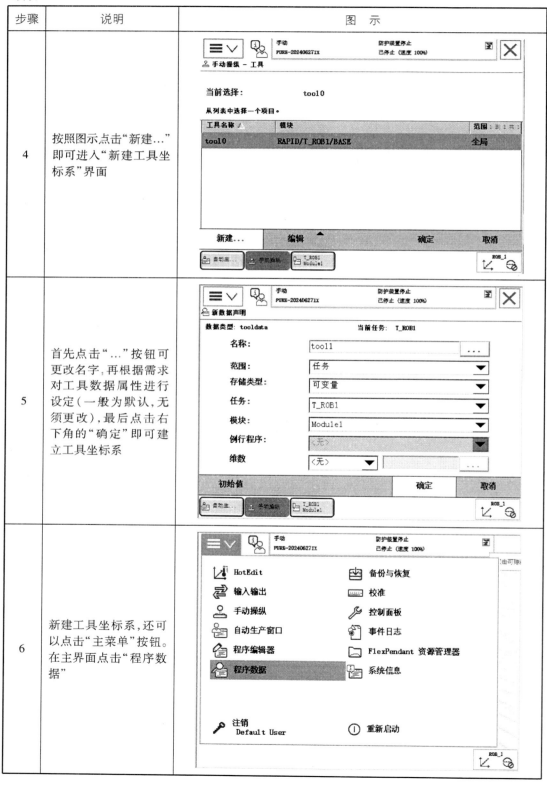
5	首先点击"…"按钮可更改名字,再根据需求对工具数据属性进行设定(一般为默认,无须更改),最后点击右下角的"确定"即可建立工具坐标系	
6	新建工具坐标系,还可以点击"主菜单"按钮。在主界面点击"程序数据"	

步骤	说明	图示
7	选择"tooldata",点击"显示数据"	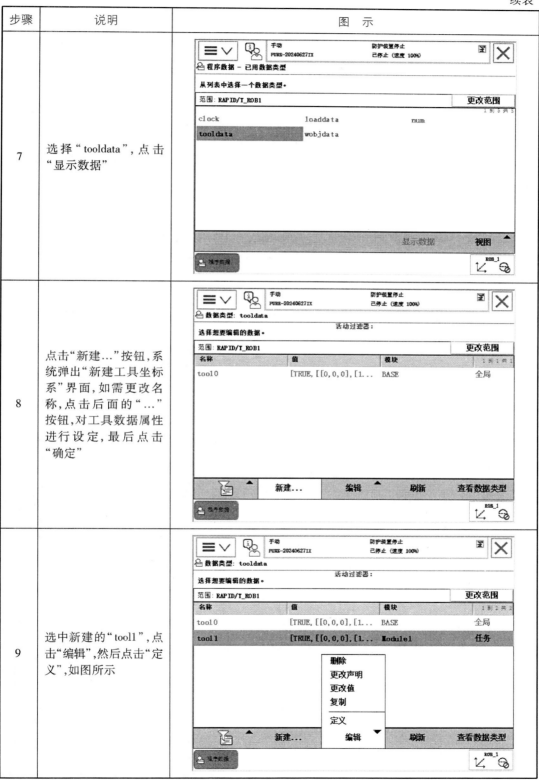
8	点击"新建…"按钮,系统弹出"新建工具坐标系"界面,如需更改名称,点击后面的"…"按钮,对工具数据属性进行设定,最后点击"确定"	
9	选中新建的"tool1",点击"编辑",然后点击"定义",如图所示	

续表

步骤	说明	图　示
10	按照图示,在定义方法中选择"TCP 和 Z,X"	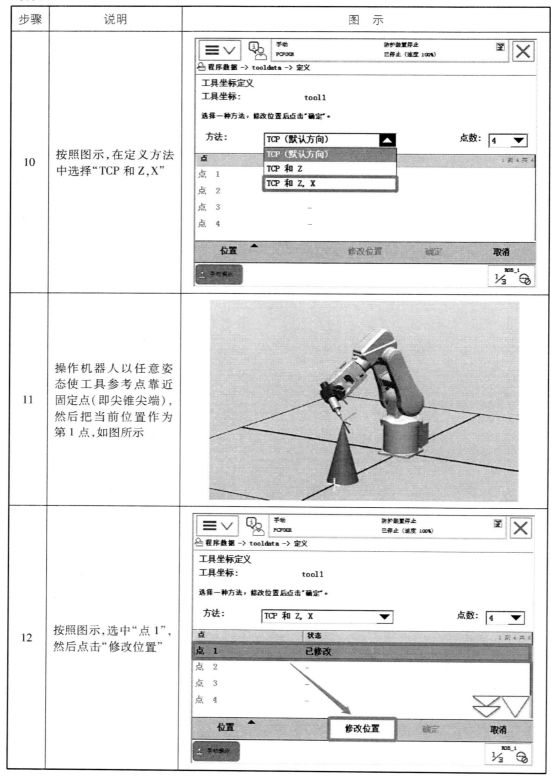
11	操作机器人以任意姿态使工具参考点靠近固定点(即尖锥尖端),然后把当前位置作为第 1 点,如图所示	
12	按照图示,选中"点 1",然后点击"修改位置"	

续表

步骤	说明	图示
13	操作机器人变换另一种姿态使工具参考点靠近固定点(即尖锥尖端),如图所示,把当前位置作为第 2 点(注意:机器人姿态变化越大,精度越高)	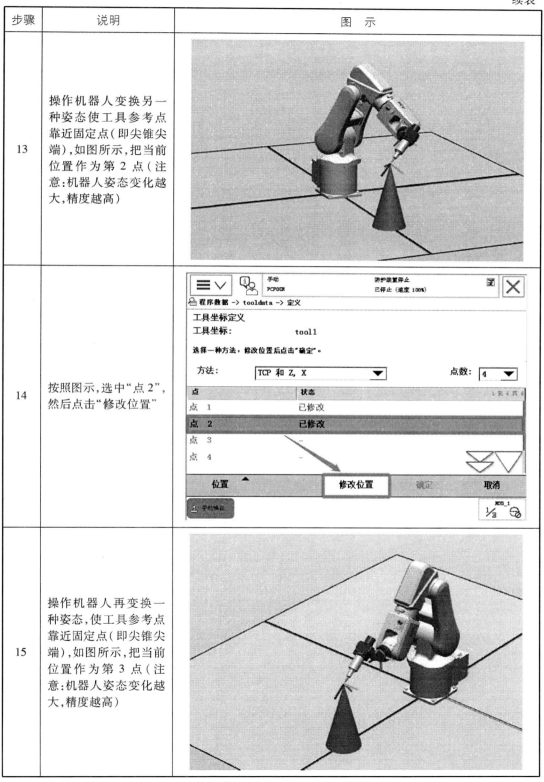
14	按照图示,选中"点 2",然后点击"修改位置"	
15	操作机器人再变换一种姿态,使工具参考点靠近固定点(即尖锥尖端),如图所示,把当前位置作为第 3 点(注意:机器人姿态变化越大,精度越高)	

续表

步骤	说明	图 示
16	按照图示,选中"点3",然后点击"修改位置"	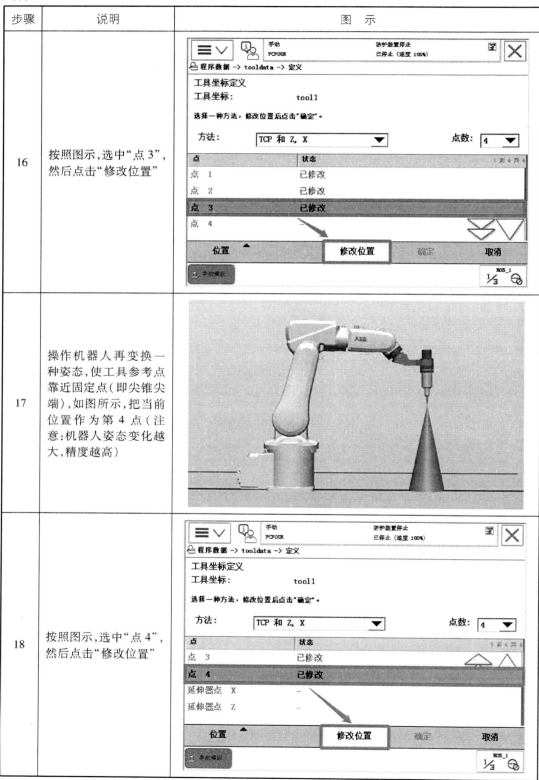
17	操作机器人再变换一种姿态,使工具参考点靠近固定点(即尖锥尖端),如图所示,把当前位置作为第4点(注意:机器人姿态变化越大,精度越高)	
18	按照图示,选中"点4",然后点击"修改位置"	

步骤	说明	图示
19	以点 4 的姿态和位置为起始点，在线性模式下，操作机器人向前移动一定距离，作为 X 轴的正方向，即固定点到 TCP 的方向为+X，如图所示	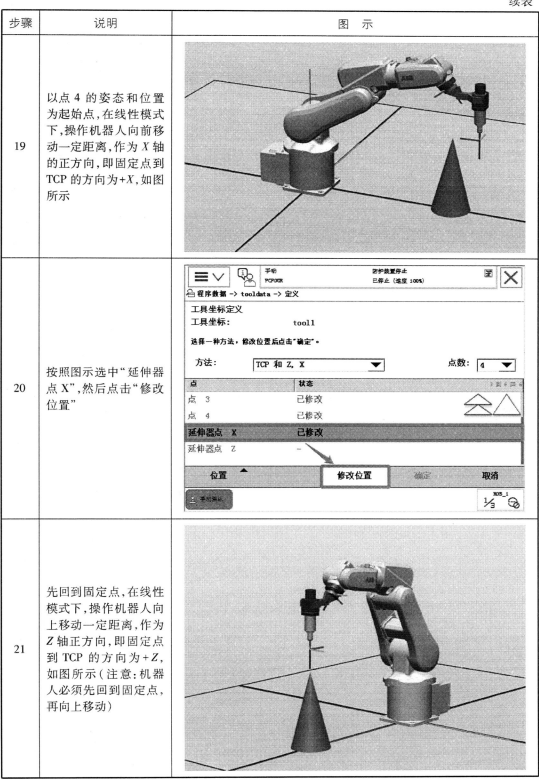
20	按照图示选中"延伸器点 X"，然后点击"修改位置"	程序数据 -> tooldata -> 定义 工具坐标定义 工具坐标：　tool1 选择一种方法，修改位置后点击"确定"。 方法：TCP 和 Z, X　点数：4 点3　已修改 点4　已修改 延伸器点 X　已修改 延伸器点 Z　— 位置　修改位置　确定　取消
21	先回到固定点，在线性模式下，操作机器人向上移动一定距离，作为 Z 轴正方向，即固定点到 TCP 的方向为+Z，如图所示（注意：机器人必须先回到固定点，再向上移动）	

续表

步骤	说明	图　示
22	按照图示选中"延伸器点 Z",然后点击"修改位置"	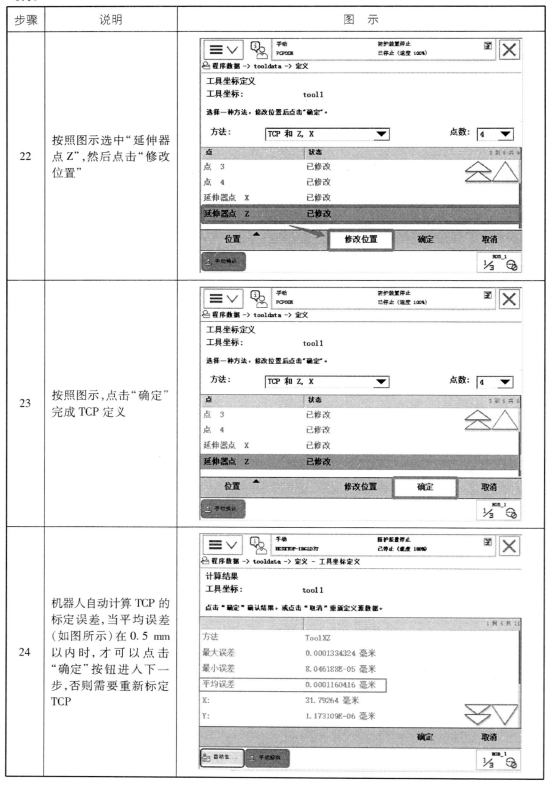
23	按照图示,点击"确定"完成 TCP 定义	
24	机器人自动计算 TCP 的标定误差,当平均误差(如图所示)在 0.5 mm 以内时,才可以点击"确定"按钮进入下一步,否则需要重新标定 TCP	

步骤	说明	图　示
25	首先按照图示选中"tool1",接着点击"编辑"菜单,最后点击"更改值"命令进入下一步	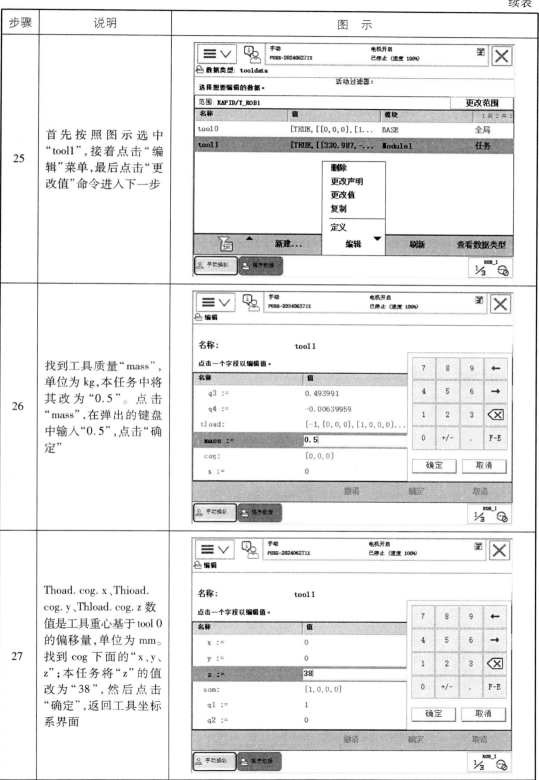
26	找到工具质量"mass",单位为 kg,本任务中将其改为"0.5"。点击"mass",在弹出的键盘中输入"0.5",点击"确定"	
27	Thoad. cog. x、Thioad. cog. y、Thload. cog. z 数值是工具重心基于 tool 0 的偏移量,单位为 mm。找到 cog 下面的"x、y、z";本任务将"z"的值改为"38",然后点击"确定",返回工具坐标系界面	

续表

步骤	说明	图 示
28	按照图示,选中新标定的工具坐标系"tool1",点击"确定",返回手动操纵界面	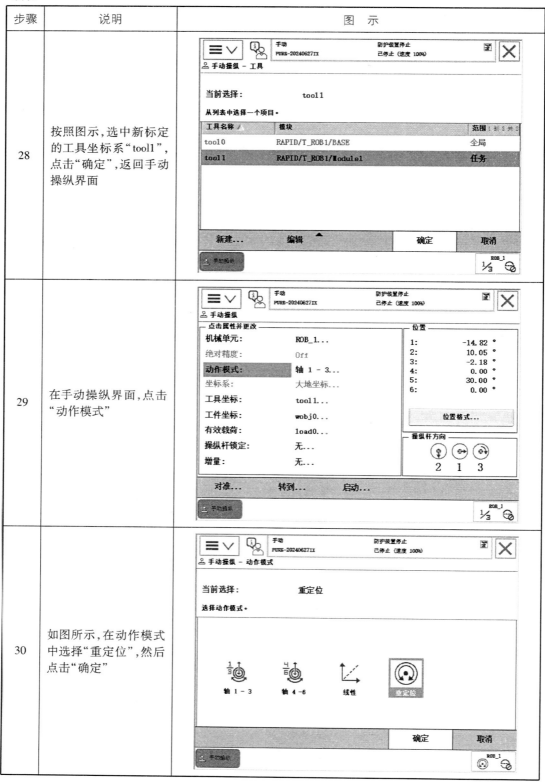
29	在手动操纵界面,点击"动作模式"	
30	如图所示,在动作模式中选择"重定位",然后点击"确定"	

续表

步骤	说明	图　示
31	点击"坐标系"选项,进入坐标系选择窗口(如图所示),在坐标系选项中点击"工具坐标",然后点击"确定"	
32	按下使能器,按照右下角"操纵杆方向"的提示操纵机器人,观察工具TCP是否围绕工具坐标的X、Y、Z轴做旋转运动(重定位运动)。正常情况下,TCP不会移动,若TCP移动太大,则需要重新标定	

总结思考

1. 在重定位运动模式下,为什么需要使用工具坐标系?

2. 如果工具坐标系定义不准确,会对重定位运动产生什么影响?

项目二

工业机器人示教编程与调试

学习目标

知识目标

- 了解工业机器人 RAPID 的程序框架。
- 了解工业机器人常用的运动指令。
- 了解手动运行模式下的程序调试的方法。
- 了解工件坐标系与坐标偏移。

技能目标

- 能建立程序模块及例行程序。
- 能编写和调试长方形轨迹程序。
- 能编写和调试圆弧轨迹程序。
- 能使用"Offs"指令实现复杂轨迹的偏移。

思政目标

- 通过细致的示教编程过程,强调精确性、耐心和细致的工作态度,让学生在实践中体会"精益求精"的工匠精神。
- 通过示教编程的实践,学生可以更深入地了解工业机器人的工作原理和应用场景,从而增强对所学专业的认同感和责任感。同时,这一部分内容也有助于培养学生的职业道德和职业素养。

任务一　长方形搬运路径编程与调试

任务描述

在现代工业生产中,工业机器人的应用越来越广泛,特别是在物料搬运、装配和码垛等环节。本任务旨在通过编程和调试,使工业机器人能够按照预定的长方形路径进行工件的搬运,从而提高生产效率和质量。下面通过编写长方形轨迹(图 2-1)程序来熟悉指令 MoveL。编写长方形轨迹程序需要机器人示教 4 个点,分别为 p20、p30、p40、p50,并示教一个安全点 p10。

图 2-1　长方形轨迹

知识准备

一、新建模块及例行程序

步骤	说明	图　示
1	根据图示,在主菜单中点击"程序编辑器"	
2	在首次进入"程序编辑器"时会弹出如图所示的对话框,点击"取消",进入模块列表界面	

续表

步骤	说明	图　示
3	如图所示，在模块列表界面点击左下角的"文件"菜单，然后点击"新建模块…"	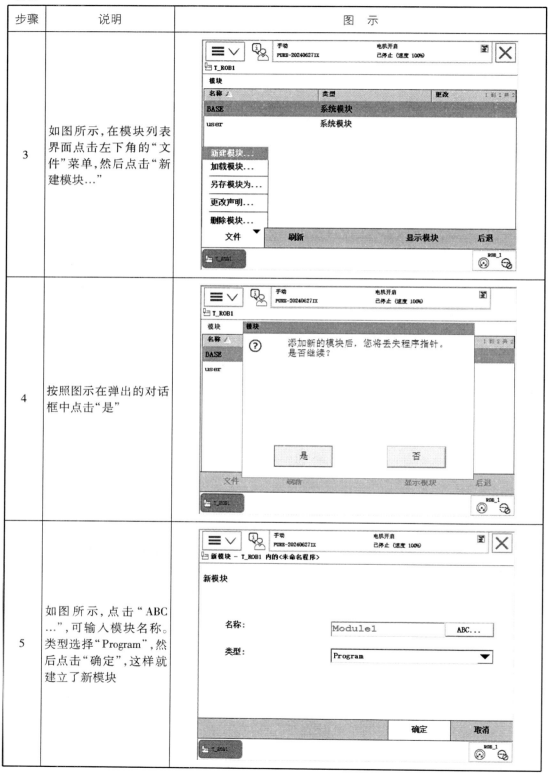
4	按照图示在弹出的对话框中点击"是"	
5	如图所示，点击"ABC…"，可输入模块名称。类型选择"Program"，然后点击"确定"，这样就建立了新模块	

步骤	说明	图　示
6	如图所示,在模块列表中,选择新建模块 Module 1,然后点击"显示模块"	
7	点击"例行程序",进入例行程序列表	
8	如图所示,在例行程序列表中点击"文件",点击"新建例行程序..."	

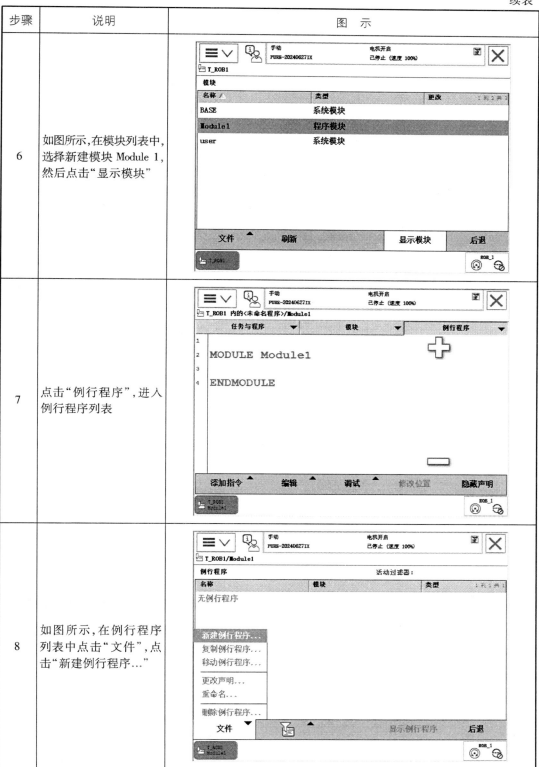

续表

步骤	说明	图　示
9	如图所示,点击"ABC..."输入"main",然后点击"确定"	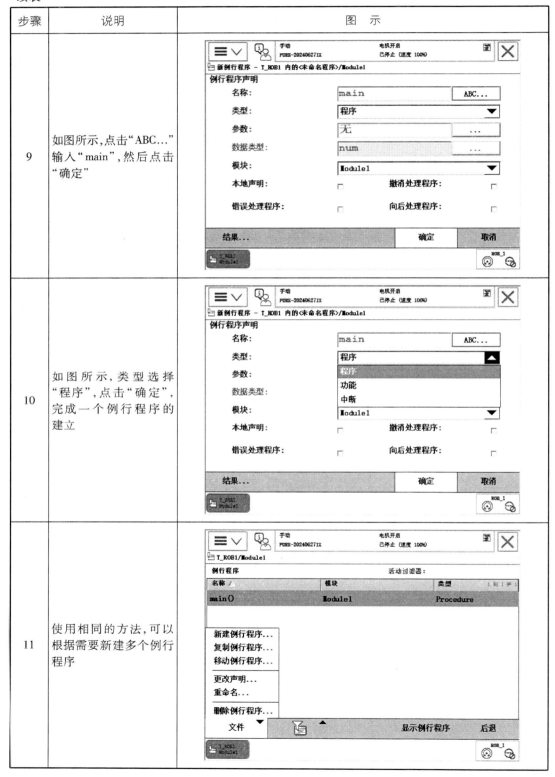
10	如图所示,类型选择"程序",点击"确定",完成一个例行程序的建立	
11	使用相同的方法,可以根据需要新建多个例行程序	

续表

步骤	说明	图　示
12	如图所示,在例行程序的列表中,选择例行程序,点击"显示例行程序",便可进行编程。	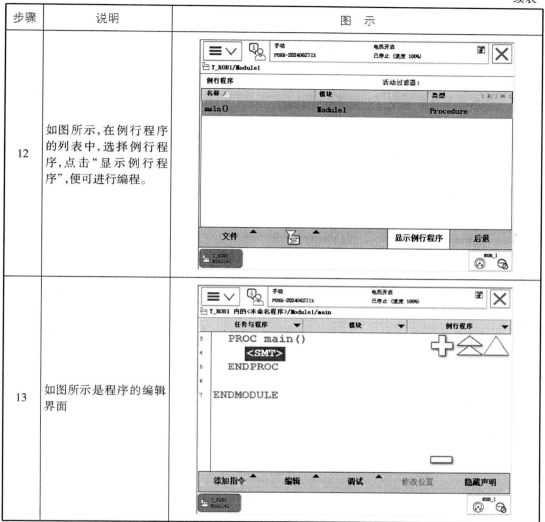
13	如图所示是程序的编辑界面	

二、MoveJ 和 MoveL

1. 关节运动指令 MoveJ

关节运动指令是控制机器人的工具中心点(TCP)从一个位置移动到另一个位置的命令。移动过程中,机器人的运动路径不一定是直线,如图 2-2 所示,但保持唯一;并且 MoveJ 运动指令在运动过程中不容易出现奇异点的情况。所以在对机器人的路径要求不高的情况下,MoveJ 指令适合在大范围运动时使用。一般来说,机器人比较容易出现腕奇异点,腕奇异点是指轴 4、轴 5、轴 6 处于同一条直线上(4、6 轴处于 0°位置),如图 2-3 所示。当手动操作过程中出现奇异点,则需要把动作模式转化为关节运动,把轴 4 或轴 5 转离 0°;若在运行程序过程中出现奇异点,则需修改路径使机器人的运动轨迹不出现奇异点。

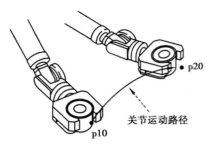

图 2-2　关节运动路径示意图　　　　　图 2-3　腕奇异点示意图

2. 线性运动指令 MoveL

线性运动指令是指机器人的 TCP 从起点到终点之间的路径（图 2-4）始终保持为直线的指令。在此运动指令下，机器人运动状态可控，运动路径保持唯一。一般用于对路径要求高的场合，如焊接、涂胶等。

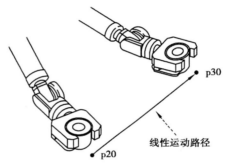

图 2-4　线性运动路径示意图

任务实施

步骤	说明	图　示
1	按照图示，进入示教器主菜单界面，选择"程序编辑器"	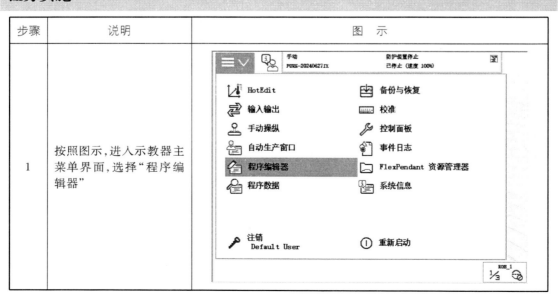

续表

步骤	说明	图　示
2	建立一个例行程序,点击"显示例行程序",如图所示	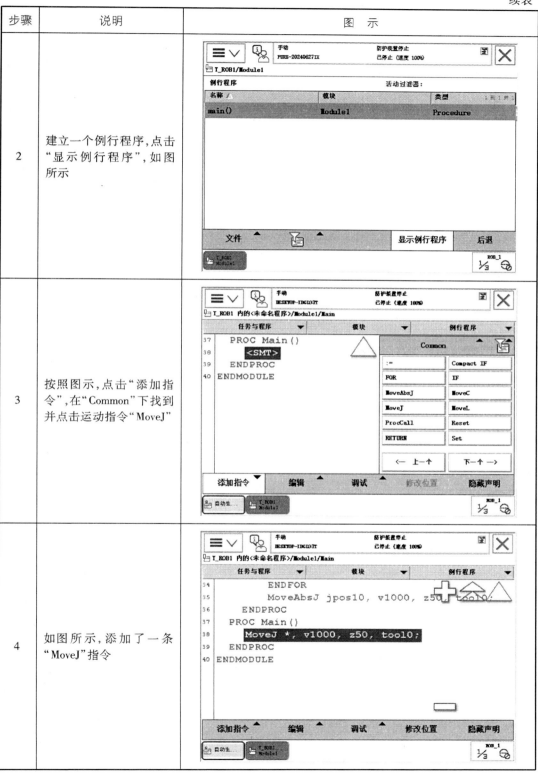
3	按照图示,点击"添加指令",在"Common"下找到并点击运动指令"MoveJ"	
4	如图所示,添加了一条"MoveJ"指令	

续表

步骤	说明	图示
5	双击图示中的符号"＊"，添加示教点	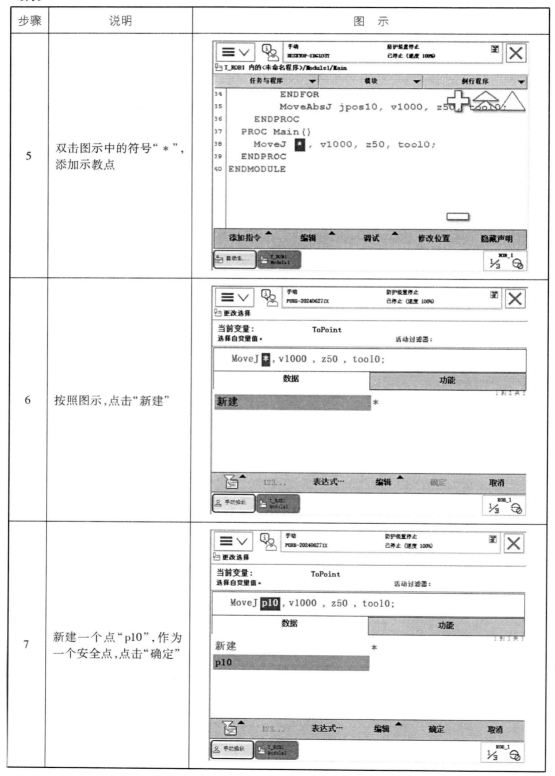
6	按照图示，点击"新建"	
7	新建一个点"p10"，作为一个安全点，点击"确定"	

步骤	说明	图　示
8	完成其他参数的编辑，并点击"确定"，如图所示	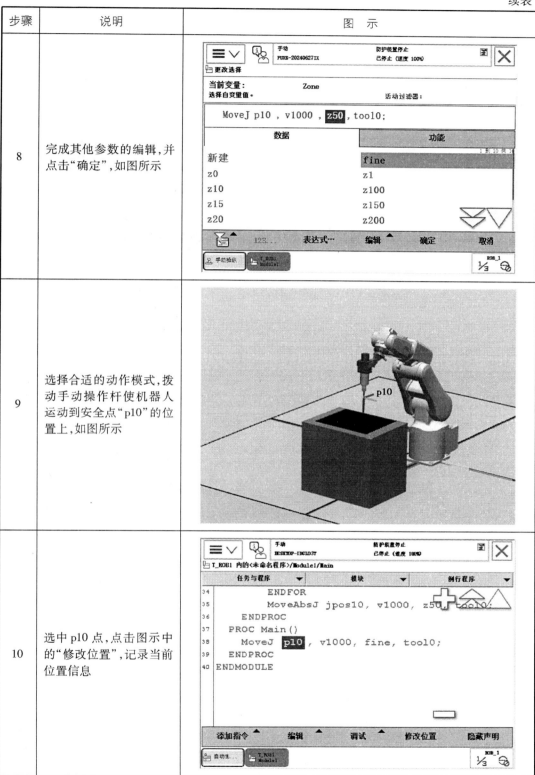
9	选择合适的动作模式，拨动手动操作杆使机器人运动到安全点"p10"的位置上，如图所示	
10	选中 p10 点，点击图示中的"修改位置"，记录当前位置信息	

续表

步骤	说明	图 示
11	点击直线运动指令"MoveL"	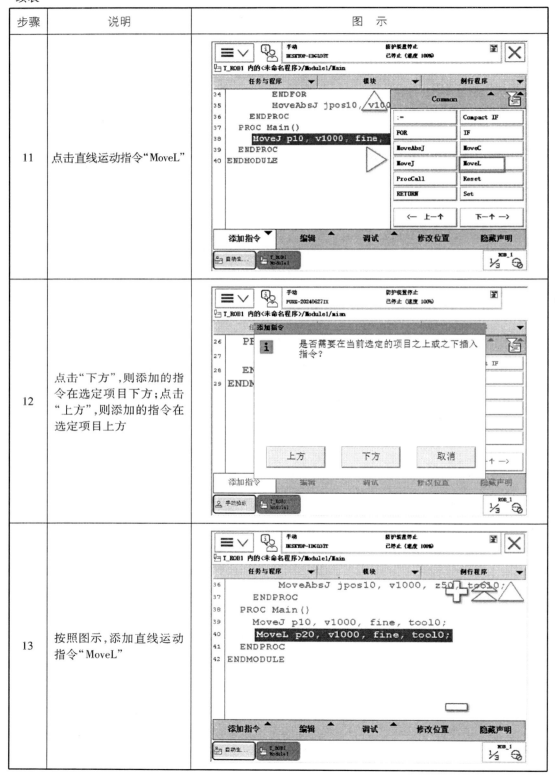
12	点击"下方",则添加的指令在选定项目下方;点击"上方",则添加的指令在选定项目上方	
13	按照图示,添加直线运动指令"MoveL"	

续表

步骤	说明	图　示
14	把机器人移到长方形第一个目标点"p20",如图所示	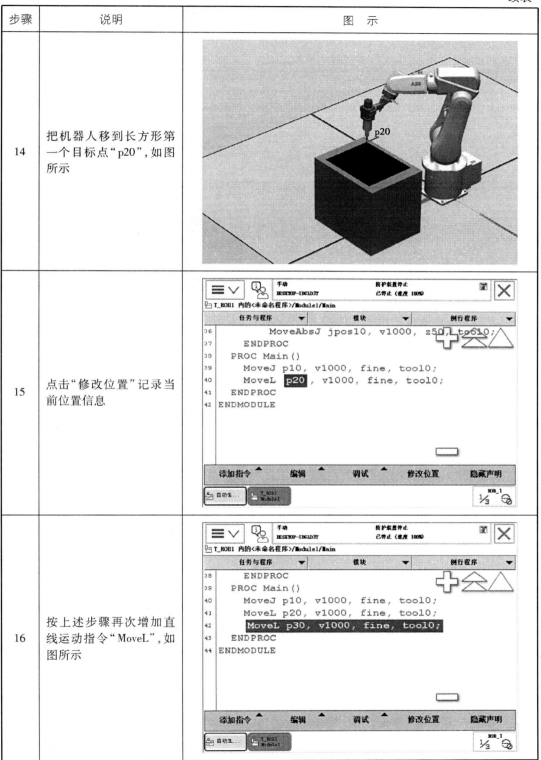
15	点击"修改位置"记录当前位置信息	
16	按上述步骤再次增加直线运动指令"MoveL",如图所示	

续表

步骤	说明	图　示
17	把机器人移到长方形第二个目标点"p30",如图所示	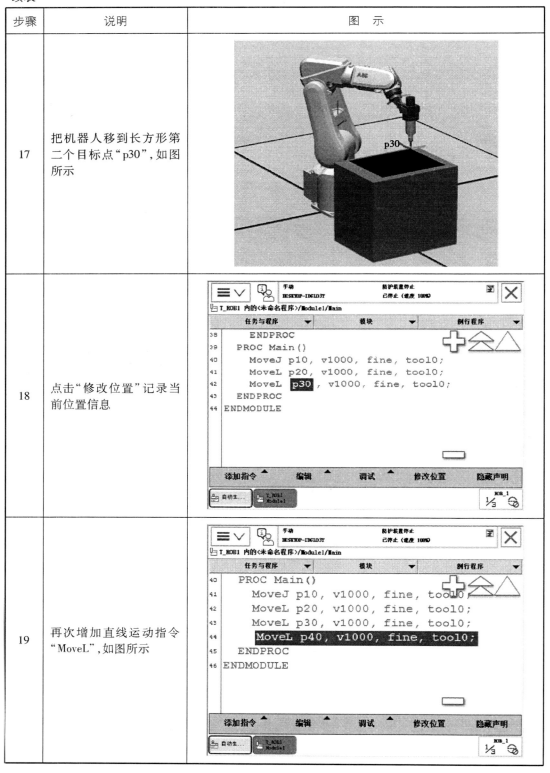
18	点击"修改位置"记录当前位置信息	
19	再次增加直线运动指令"MoveL",如图所示	

续表

步骤	说明	图　示
20	把机器人移到长方形第三个目标点"p40",如图所示	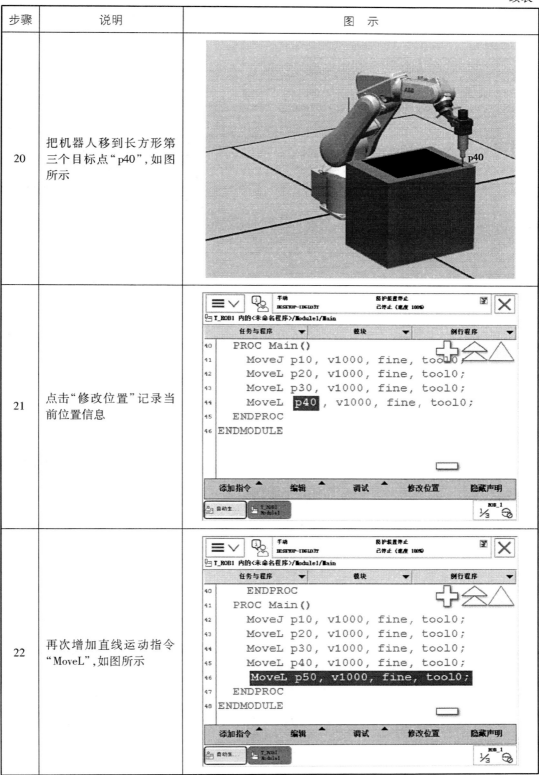
21	点击"修改位置"记录当前位置信息	
22	再次增加直线运动指令"MoveL",如图所示	

续表

步骤	说明	图 示
23	把机器人移到长方形第四个目标点"p50",如图所示	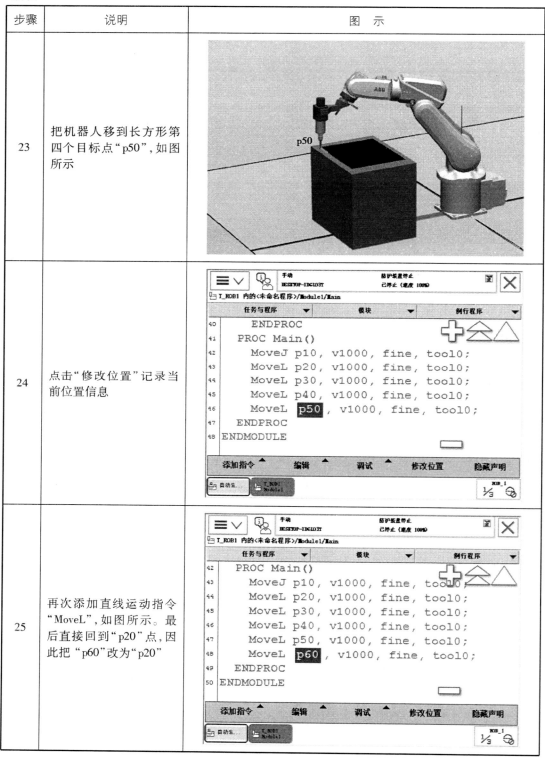
24	点击"修改位置"记录当前位置信息	
25	再次添加直线运动指令"MoveL",如图所示。最后直接回到"p20"点,因此把"p60"改为"p20"	

续表

步骤	说明	图　示
26	按照图示,长方形轨迹编程完成	
27	按照图示,点击"调试"菜单,选择"PP 移至例行程序…"命令	
28	选择"长方形轨迹程序"所在的例行程序,点击"确定",如图所示	

续表

步骤	说明	图示
29	如图所示,光标箭头指在 main 程序的首语句	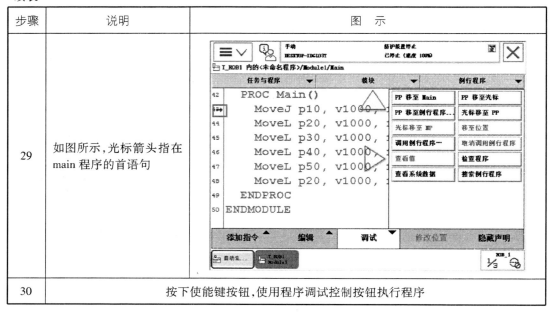
30	按下使能键按钮,使用程序调试控制按钮执行程序	

总结思考

1. ABB 工业机器人程序框架主要包含哪些部分?

2. MoveJ 和 MoveL 指令在长方形轨迹编程中分别起什么作用?

3. 如何确保长方形轨迹的精度?

任务二　圆周装配路径编程与调试

任务描述

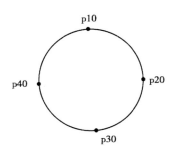

图 2-5　圆形轨迹图

随着自动化技术的不断发展,工业机器人在企业生产线上的应用越来越广泛。本次任务旨在通过编程与调试,使工业机器人能够按照圆形路径进行装配作业,以提高生产效率和质量。圆形轨迹属于曲线轨迹的一种特殊形式,第一个轨迹点与最后一个轨迹点重合,如图 2-5 所示,圆形轨迹示教点依次为 p10、p20、p30、p40,需要添加两个"MoveC"指令来完成圆形轨迹的运行。机器人的轨迹规划是:初始位置要示教一个安全点 p1,先从初始位置运行到圆形轨迹点 p10 上,然后依次运行到 p20、p30、p40 点,再回到 p10 点上,完成圆形轨迹的运行,最后回到初始位置。

知识准备

一、圆弧运动指令

画一段圆弧需要三个点，机器人中的圆弧运动指令定义了两个点，如图 2-6 中的 p20、p30，另外一个点可以理解为机器人运行圆弧指令之前停留的位置，所以为了确保轨迹正确，在圆弧指令之前添加 MoveL 指令，将机器人停在圆弧的轨迹上，即圆弧的起点。我们称第一个点 p10 为起始点，第二点 p20 是经由点（确定圆弧的曲率），第三点是圆弧的目标点 p30。注意，一条圆弧语句不能画一个整圆。

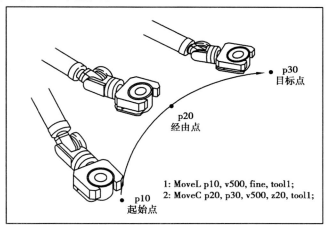

图 2-6　圆弧运动路径示意图

任务实施

步骤	说明	图　示
1	新建一个例行程序，命名为"main"（若存在 main 程序则不用新建），点击"显示例行程序"，进入程序编辑界面，如图所示	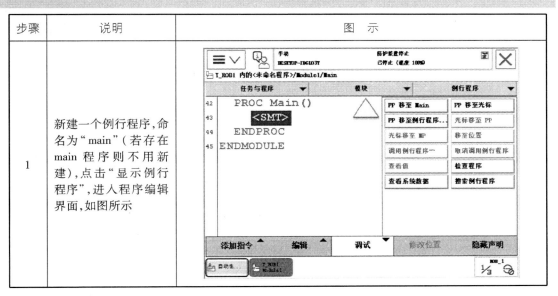

续表

步骤	说明	图示
2	点击"添加指令"菜单,然后选择"MoveJ"指令	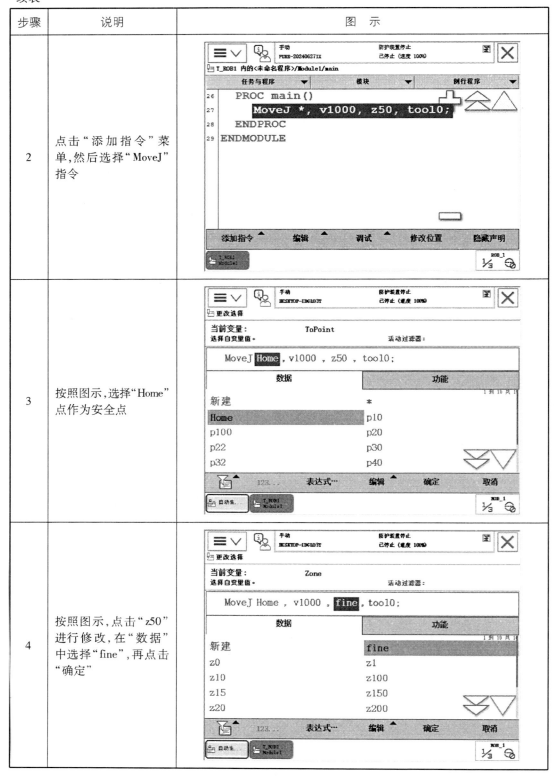
3	按照图示,选择"Home"点作为安全点	
4	按照图示,点击"z50"进行修改,在"数据"中选择"fine",再点击"确定"	

续表

步骤	说明	图示
5	添加运动指令"MoveL"，如图所示	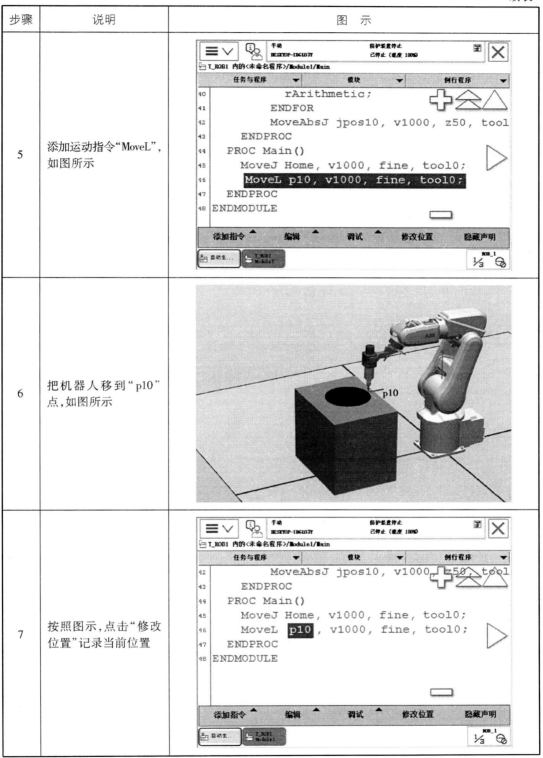
6	把机器人移到"p10"点，如图所示	
7	按照图示，点击"修改位置"记录当前位置	

续表

步骤	说明	图 示
8	添加运动指令"MoveC"如图所示	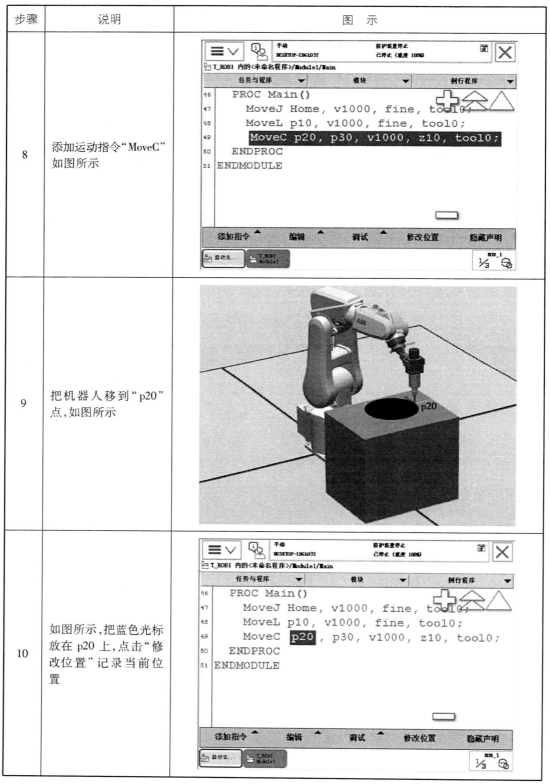
9	把机器人移到"p20"点,如图所示	
10	如图所示,把蓝色光标放在 p20 上,点击"修改位置"记录当前位置	

步骤	说明	图　示
11	把机器人移到"p30"点,如图所示	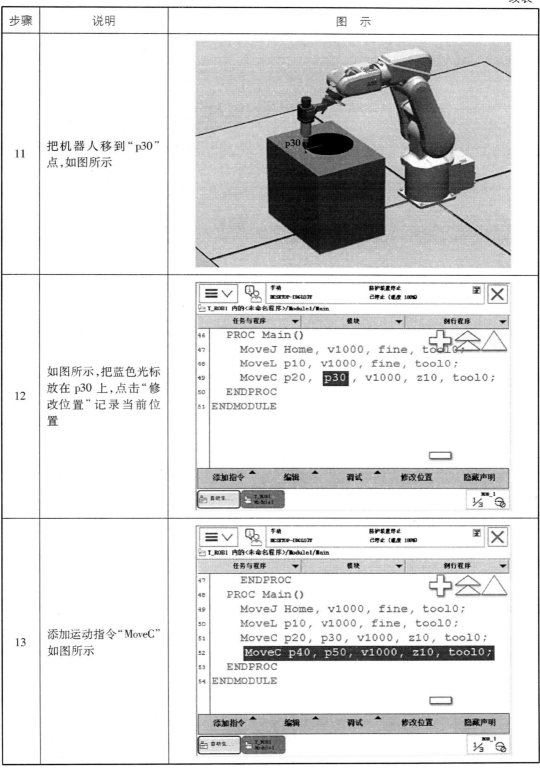
12	如图所示,把蓝色光标放在 p30 上,点击"修改位置"记录当前位置	
13	添加运动指令"MoveC"如图所示	

续表

步骤	说明	图　示
14	把机器人移到"p40"点,如图所示	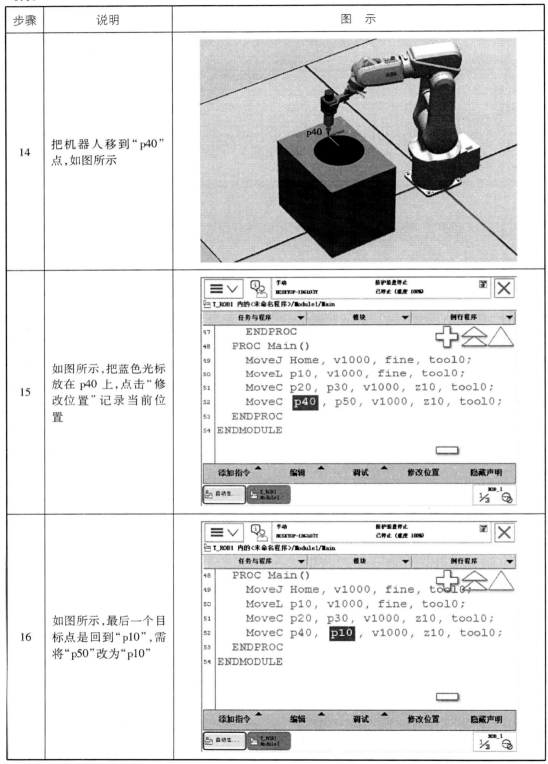
15	如图所示,把蓝色光标放在 p40 上,点击"修改位置"记录当前位置	
16	如图所示,最后一个目标点是回到"p10",需将"p50"改为"p10"	

续表

步骤	说明	图　示
17	添加运动指令"MoveJ"让机器人回到初始安全位置	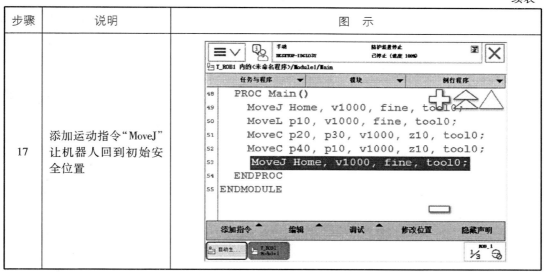

总结思考

如何定义圆弧运动指令中的起点、中间点和终点？

任务三　复杂加工路径编程与调试

任务描述

随着工业自动化和智能制造的快速发展，企业对于工业机器人的应用需求日益增长。为了确保工业机器人能够在复杂加工任务中高效、准确地完成预期目标，需要对工业机器人的加工路径进行精细的编程与调试。本任务旨在针对特定复杂轨迹的加工需求，对工业机器人进行编程与调试，以提升生产效率、降低生产成本，并增强企业的市场竞争力。如图 2-7 所示，图形的边长为 200 mm。如果用对点示教，点数很多，因此这里只示教一个轨迹点 p10，其他点都通过 p10 偏移得到。轨迹规划是：先从初始位置运行到安全点 p1，然后依次运行到 p10、p20、p30、p40、p50、p20、p60、p70、p80、p10 点，再回到 p1 点，完成复杂轨迹的运行。注意，p10、p60 边长要与基坐标的 Y 轴平行。

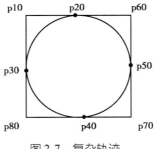

图 2-7　复杂轨迹

51

知识准备

工业机器人的示教编程中,为了提高定位的精度,目标点常常需要从其他点偏移得来,这就需要用到位置偏移函数 Offs。

位置偏移函数是计算出某个点位在 X、Y、Z 方向进行偏移后的目标点,通常与运动指令配合使用;又因为 Offs 函数是有返回值的,即调用此函数会返回偏移后点的位置数据,所以可以将偏移后的数据赋值给某点位。

一、复杂轨迹的示教编程

步骤	说明	图　示
1	打开 main 程序,进入程序编辑界面,如图所示	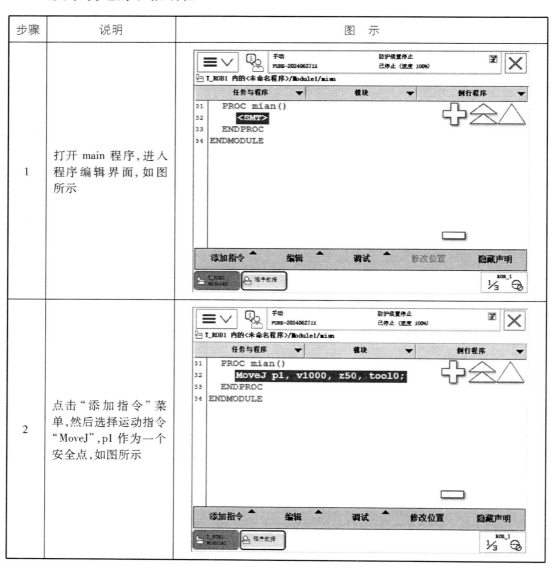
2	点击"添加指令"菜单,然后选择运动指令"MoveJ",p1 作为一个安全点,如图所示	

续表

步骤	说明	图示
3	将"z50"改为"fine",如图所示	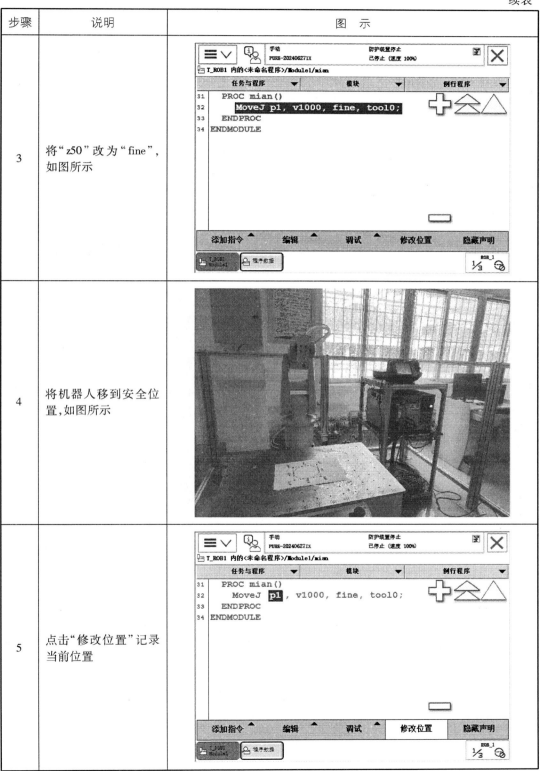
4	将机器人移到安全位置,如图所示	
5	点击"修改位置"记录当前位置	

续表

步骤	说明	图 示
6	添加直线运动指令"MoveL"	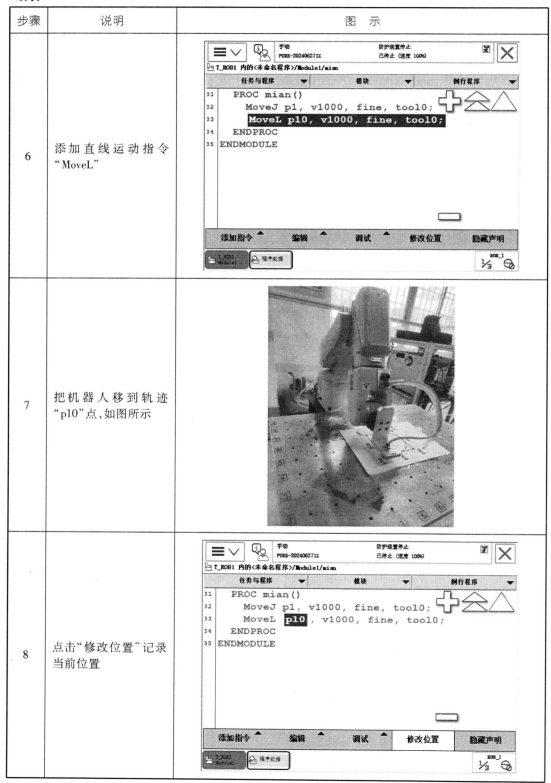
7	把机器人移到轨迹"p10"点，如图所示	
8	点击"修改位置"记录当前位置	

续表

步骤	说明	图示
9	按图所示,添加直线运动指令"MoveL",点击"p100"	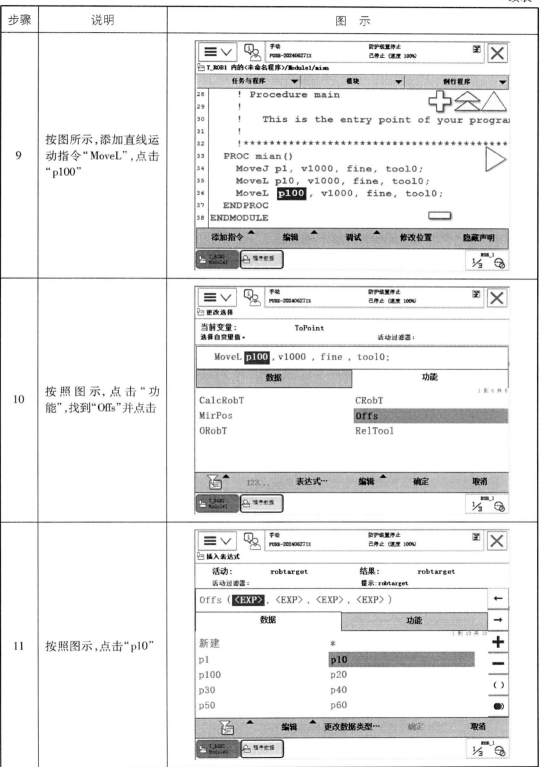
10	按照图示,点击"功能",找到"Offs"并点击	
11	按照图示,点击"p10"	

续表

步骤	说明	图　示
12	机器人要从"p10"到"p20"，就要把"EXP"改为（0，100，0）	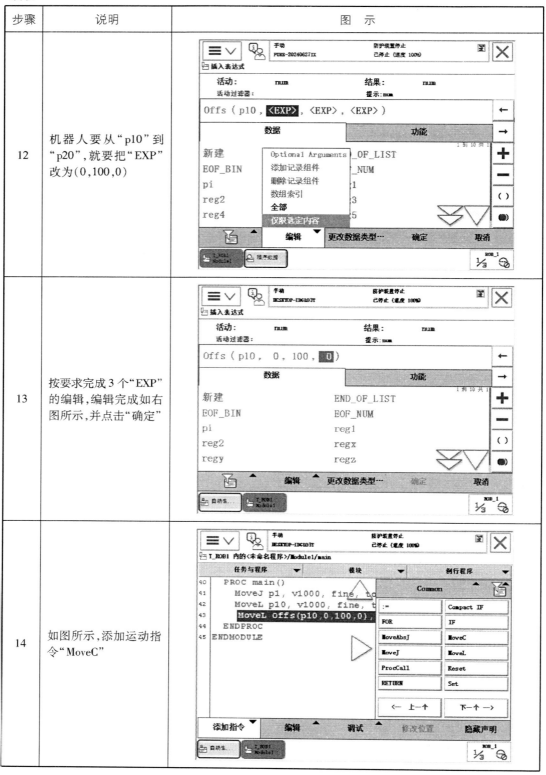
13	按要求完成 3 个"EXP"的编辑，编辑完成如右图所示，并点击"确定"	
14	如图所示，添加运动指令"MoveC"	

续表

步骤	说明	图　示
15	按照图示,点击第一个"＊",这个点为"辅助点"	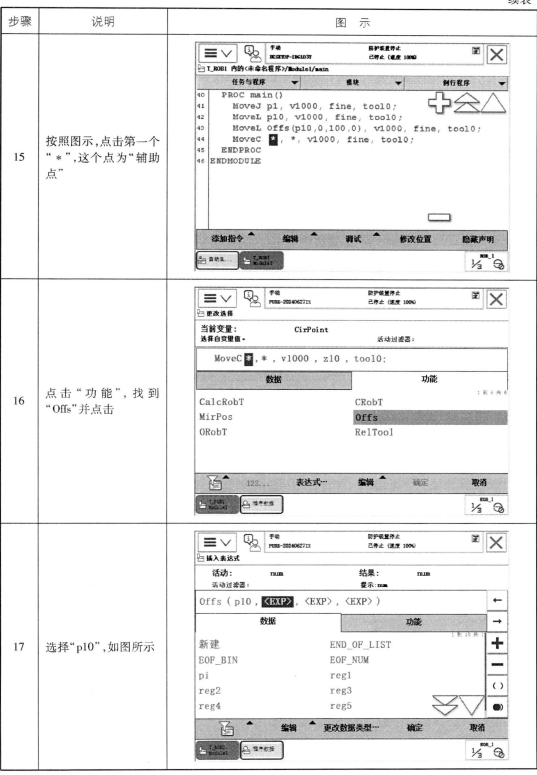
16	点击"功能",找到"Offs"并点击	
17	选择"p10",如图所示	

续表

步骤	说明	图　示
18	"p30"通过"p10"的偏移（100,0,0）得来,如图所示,完成编辑并点击"确定"	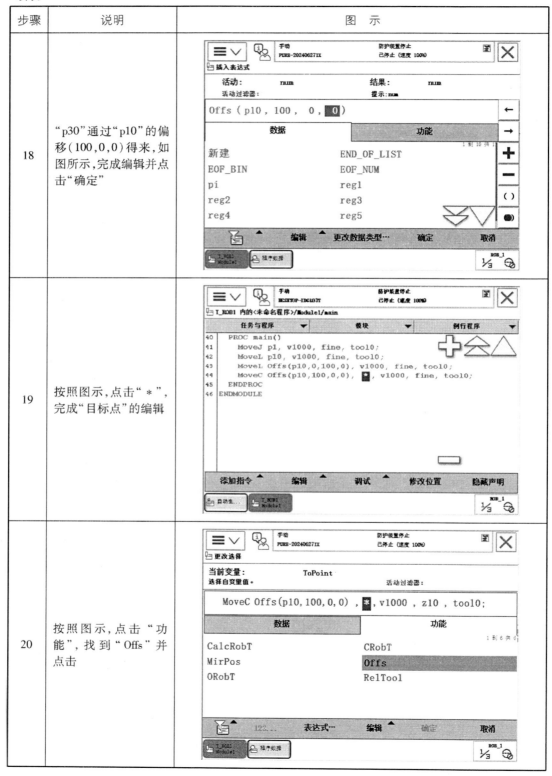
19	按照图示,点击"＊",完成"目标点"的编辑	
20	按照图示,点击"功能",找到"Offs"并点击	

续表

步骤	说明	图示
21	如图所示,选择"p10"	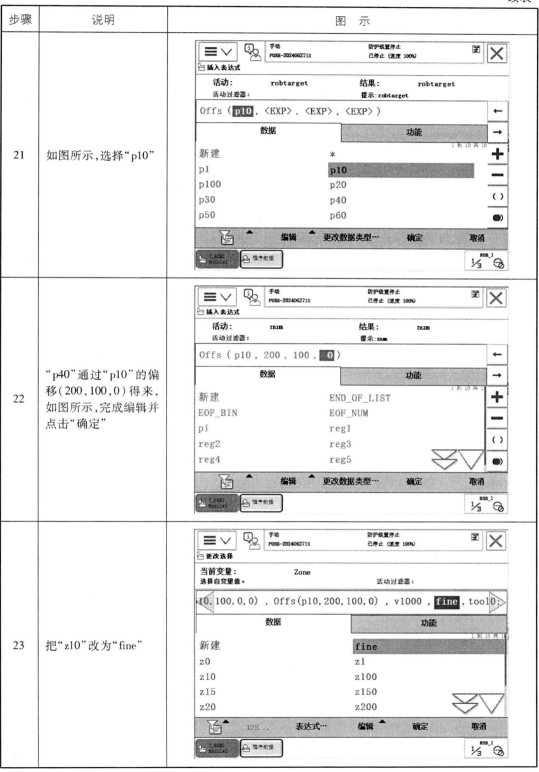
22	"p40"通过"p10"的偏移(200,100,0)得来,如图所示,完成编辑并点击"确定"	
23	把"z10"改为"fine"	

续表

步骤	说明	图 示
24	编辑完成,如图所示	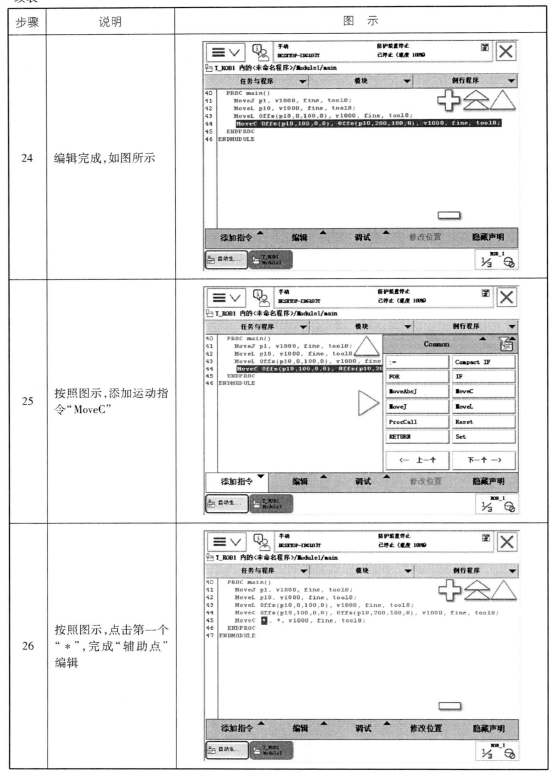
25	按照图示,添加运动指令"MoveC"	
26	按照图示,点击第一个" * ",完成"辅助点"编辑	

步骤	说明	图　示
27	按照图示,点击"功能",找到"Offs"并点击	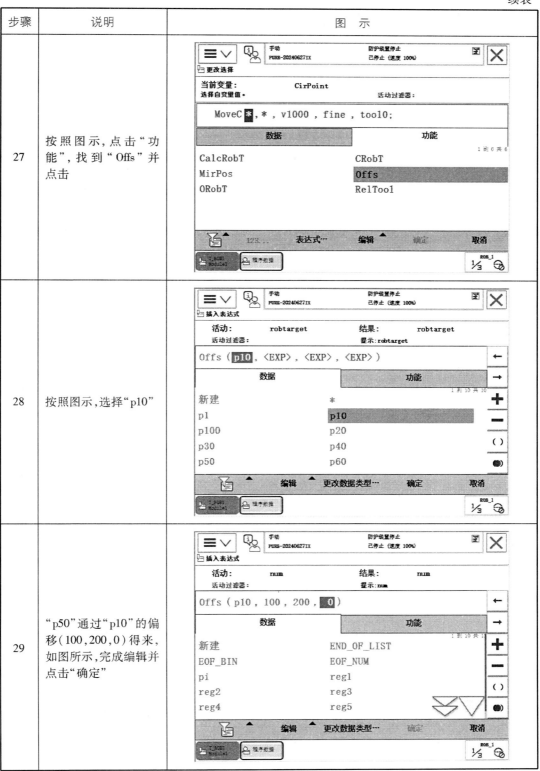
28	按照图示,选择"p10"	
29	"p50"通过"p10"的偏移(100,200,0)得来,如图所示,完成编辑并点击"确定"	

续表

步骤	说明	图示
30	编辑完成后如图所示，再点击第二个"＊"目标点，找到"Offs"并点击	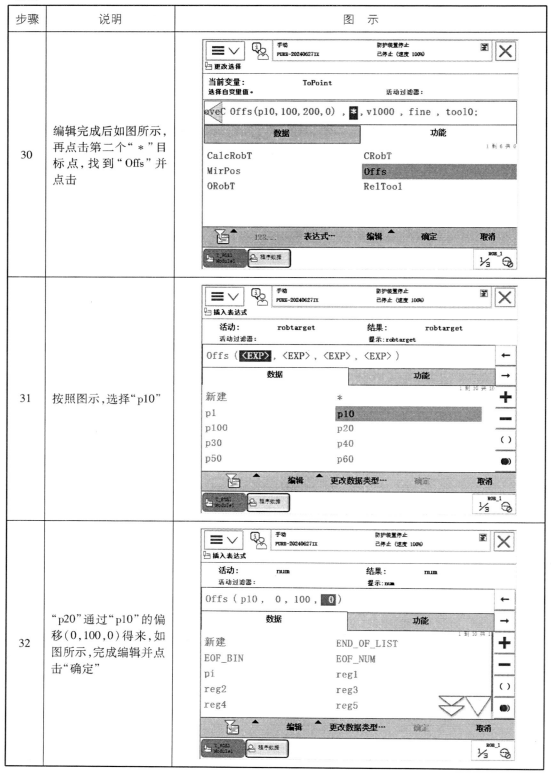
31	按照图示，选择"p10"	
32	"p20"通过"p10"的偏移(0,100,0)得来，如图所示，完成编辑并点击"确定"	

续表

步骤	说明	图　示
33	复杂轨迹图形中的圆形编辑完成,如图所示	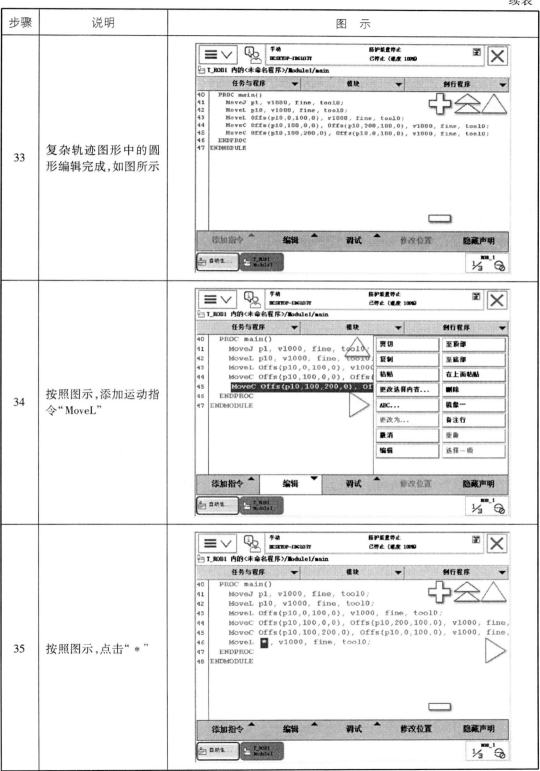
34	按照图示,添加运动指令"MoveL"	
35	按照图示,点击"＊"	

续表

步骤	说明	图示
36	按照图示,点击"功能",找到"Offs"并点击	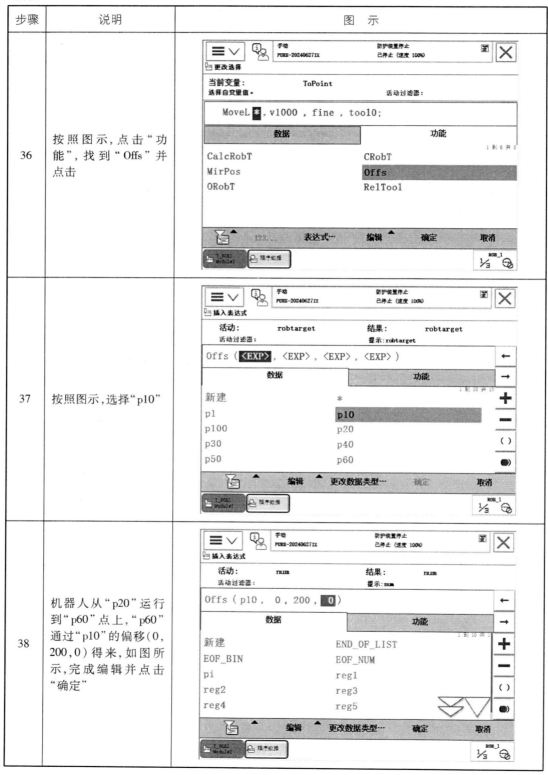
37	按照图示,选择"p10"	
38	机器人从"p20"运行到"p60"点上,"p60"通过"p10"的偏移(0,200,0)得来,如图所示,完成编辑并点击"确定"	

续表

步骤	说明	图 示
39	按照图示,添加运动指令"MoveL"	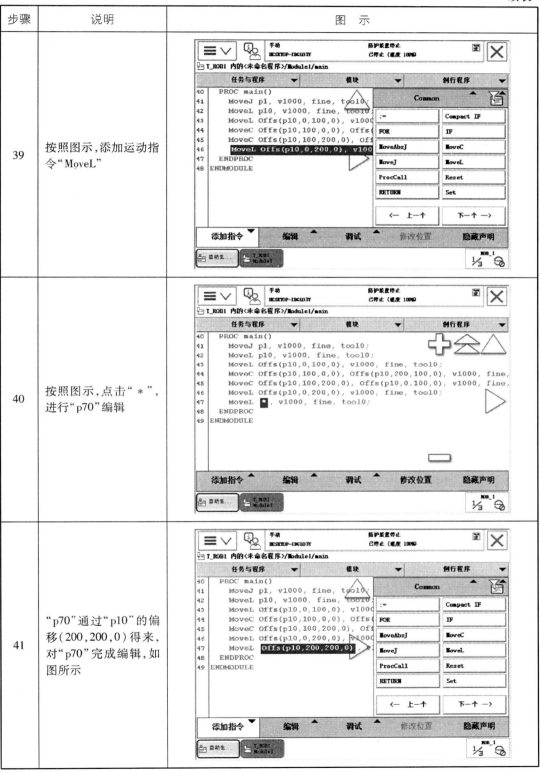
40	按照图示,点击"＊",进行"p70"编辑	
41	"p70"通过"p10"的偏移(200,200,0)得来,对"p70"完成编辑,如图所示	

续表

步骤	说明	图　示
42	按照图示，添加运动指令"MoveL"	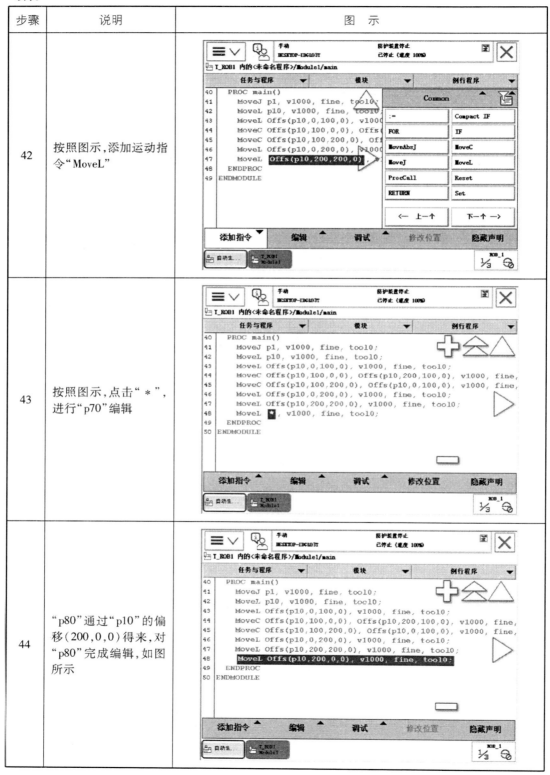
43	按照图示，点击"＊"，进行"p70"编辑	
44	"p80"通过"p10"的偏移（200,0,0）得来，对"p80"完成编辑，如图所示	

步骤	说明	图　示
45	添加"MoveL"指令,回到"p10"点	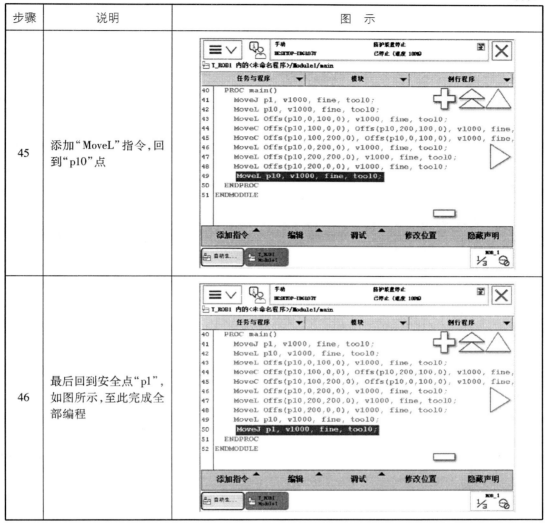
46	最后回到安全点"p1",如图所示,至此完成全部编程	

总结思考

在编写一个包含 Offs 偏移函数的复杂轨迹程序时,需要确定哪些关键参数?

项目三

工业机器人 I/O 通信配置与信号管理

📖 学习目标

知识目标

- 了解工业机器人 I/O 通信方式。
- 了解工业机器人 DSQC 652 标准 I/O 板各接口功能。

技能目标

- 能配置 DSQC 652 标准 I/O 板。
- 能定义数字量输入/输出信号。
- 能定义数字量组输入/输出组信号。
- 能通过示教器监控查看 I/O 信号。
- 能设置 I/O 控制指令和快捷键。

思政目标

- 通过学习工业机器人的 I/O 通信方式、DSQC 652 标准 I/O 板各接口功能及配置方法，学生需要精确理解每一个接口的作用，细致地进行配置与调试。这一过程有助于培养学生严谨的科学态度和精准无误的操作意识，从而树立精益求精的工匠精神。
- 在掌握标准 I/O 板配置的基础上，鼓励学生探索不同场景下 I/O 信号的创新应用，如自定义数字量组输入输出信号以优化生产流程，培养学生的创新思维和解决问题的能力。通过实践，让学生认识到创新是推动技术进步和行业发展的关键。

任务一　工业机器人 I/O 板配置与硬件调试

任务描述

在现代工业自动化生产环境中，工业机器人的高效运行离不开其输入输出（I/O）系统的精确配置与稳定工作。I/O 板作为工业机器人与外部设备通信的桥梁,其正确配置与调试对于确保生产线的流畅运行至关重要。本任务旨在通过配置工业机器人 I/O 板并进行硬件调试,实现机器人与外部设备的无缝对接,提升生产线的自动化水平和整体效率。当新的控制系统、机器人或其他自动化设备首次部署时且设备配备了 I/O 板(如 DSQC 652 I/O 板),则需要进行配置以确保它们能够正确与系统的其他部分进行通信和数据交换。

知识准备

一、工业机器人的 I/O 通信方式

机器人有丰富的 I/O 通信接口,可以方便地与外围设备进行通信,见表 3-1。关于机器人 I/O 通信接口的说明:

①标准 I/O 板提供的常用信号有数字输入 DI、数字输出 DO、模拟输入 AI、模拟输出 AO,以及输送链跟踪(如 DSQC 377A),常用的标准 I/O 板有 DSQC 651 和 DSQC 652。

②可以选配标准 ABB 的 PLC(本体同厂家的 PLC),既可以省去与外部 PLC 的通信设置,又可以直接在机器人的示教器对 PLC 进行相关操作。

表 3-1　机器人 I/O 通信方式

PC 通信协议	现场总线协议	ABB 标准
RS232 通信(串口外接条形码读取及视觉捕捉等)	Device Net	标准 I/O 板
OPC server	Profibus	PLC
Socket Message(网口)	Profibus-DP	—
—	Profinet	—
—	EtherNet IP	—

二、DSQC 652 板介绍

DSQC 652 板,主要提供 16 个数字输入接口和 16 个数字输出接口,如图 3-1 所示,其中包括信号输出指示灯、X1 和 X2 数字输出接口、X5 DeviceNet 接口、模块状态指示灯、X3 和 X4 数字输入接口、数字输入信号指示灯。

其中 1~5 接线端口为 DeviceNet 总线通信线;6~12 接线端口为设置 I/O 板地址线,其中 6 号为逻辑地(0 V),7~12 号分别表示地址的第 0 位至第 5 位。由于使用 6 个位来表示节点地址,I/O 板地址的范围为 0~63;第 7 号端口代表 2 的 0 次方,第 8 号端口代表 2 的 1 次方,依次类推,第 12 号端口代表 2 的

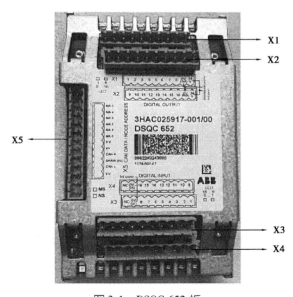

图 3-1　DSQC 652 板

5 次方。当使用短接片把第 6 号端口(0 V)与其他端口相连接时,则被连接的端口输入为 0 V,视为逻辑 0;没有连接的端口视为逻辑 1。跳线 8 和跳线 10 剪断,其输入视为高电压(逻辑 1),对应数值相加得 10,即为 DSQC 652 总线地址。在示教器中配置 I/O 板的设定参数,见表 3-2。

表 3-2　DSQC 652 标准 I/O 总线设定参数

参数名称	设定值	说明
Name	d652	设定 I/O 板在系统中的名字
Type of Device	DSQC 652	设定 I/O 板的类型
Address	10	设定 I/O 板在总线中的地址

任务实施

步骤	说明	图示
1	进入主菜单,在示教器操作界面中点击"控制面板",如图所示	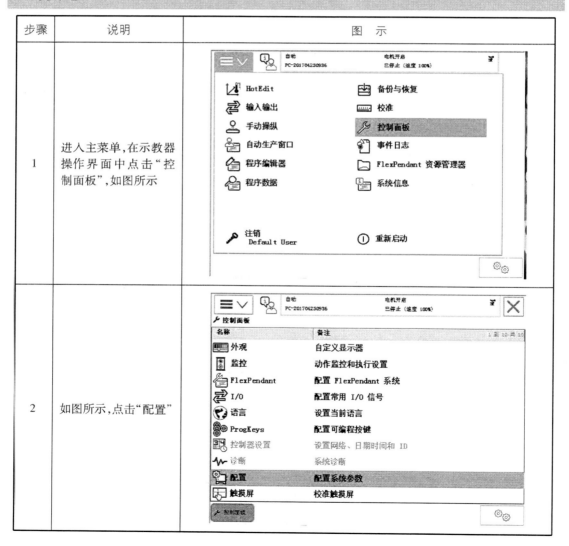
2	如图所示,点击"配置"	

续表

步骤	说明	图　示
3	进入配置界面后,双击"DeviceNet Device"	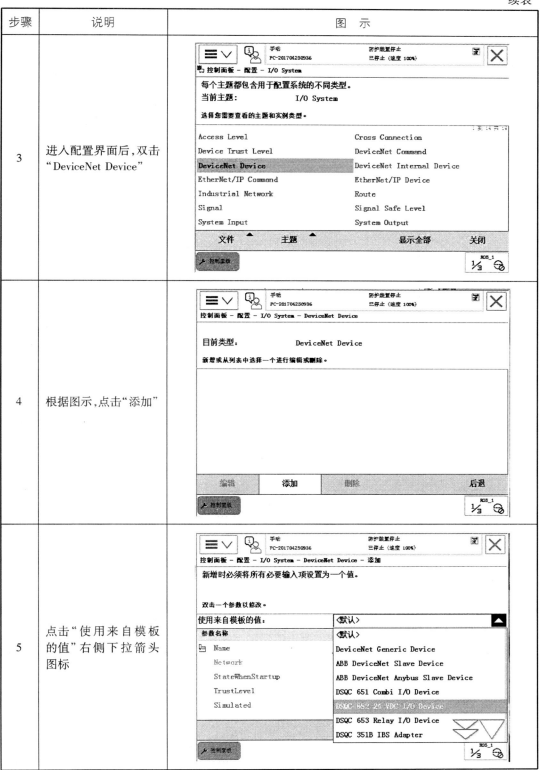
4	根据图示,点击"添加"	
5	点击"使用来自模板的值"右侧下拉箭头图标	

续表

步骤	说明	图　示
6	在模板中选择 DSQC 652 I/O 板，其参数值会自动生成默认值，如图所示	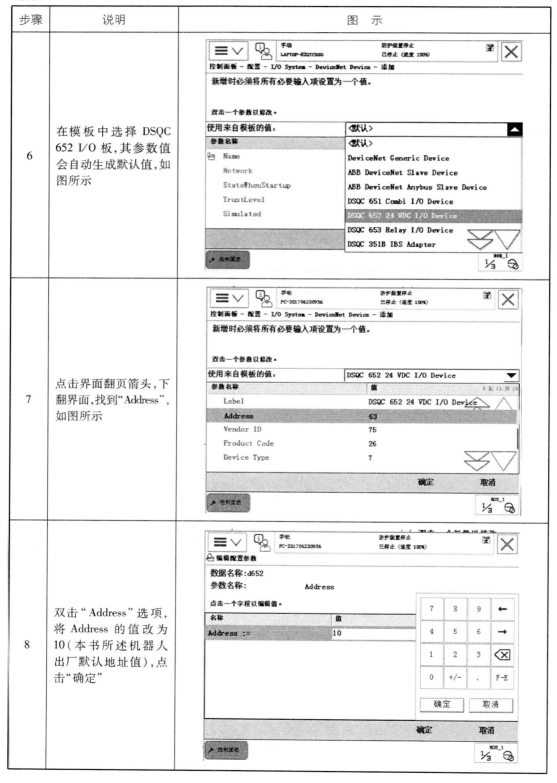
7	点击界面翻页箭头，下翻界面，找到"Address"，如图所示	
8	双击"Address"选项，将 Address 的值改为 10（本书所述机器人出厂默认地址值），点击"确定"	

续表

步骤	说明	图　示
9	参数设定完毕,点击"确定",如图所示	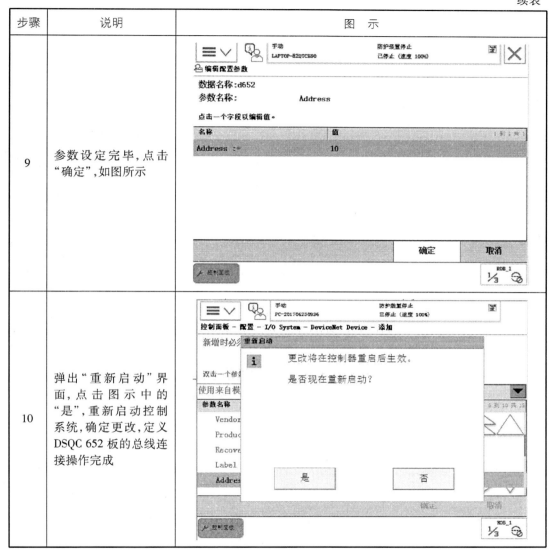
10	弹出"重新启动"界面,点击图示中的"是",重新启动控制系统,确定更改,定义DSQC 652 板的总线连接操作完成	

总结思考

1. DSQC 652 I/O 板的主要功能是什么?

2. DSQC 652 I/O 板可以配置多少输入信号和输出信号?

任务二　工业机器人 I/O 信号定义与功能验证

任务描述

在现代化智能制造环境中,工业机器人的高效运行离不开精确控制的输入输出(I/O)信号。这些信号不仅控制着机器人的启动、停止、运动方向等基本功能,还负责与其他生产设备或传感器交互,确保整个生产线的协同作业。本任务旨在为企业生产线上的工业机器人定义合理的 I/O 信号,并通过功能验证确保其正确无误地执行预定操作,从而提升生产效率和产品质量。

知识准备

前面已介绍过 DSQC 652 的标准 I/O 板。DSQC 652 板有 16 个数字输入信号端口和 16 个数字输出信号端口。数字量输入端口地址分别为 0 ~ 15。在示教器定义信号需了解信号端口的参数(表3-3)。

表 3-3 数字量输入信号参数表

参数名称	设定值	说明
Name	di1	设定数字输入信号的名字
Type of Signal	Digital Input	设定信号的种类
Assigned to Device	d652	设定信号所在的 I/O 模块
Device Mapping	1	设定信号所占用的地址

任务实施

一、输入信号定义

步骤	说明	图 示
1	根据图示,进入主菜单,在示教器操作界面中点击"控制面板"	

步骤	说明	图　示
2	点击"配置",如图所示	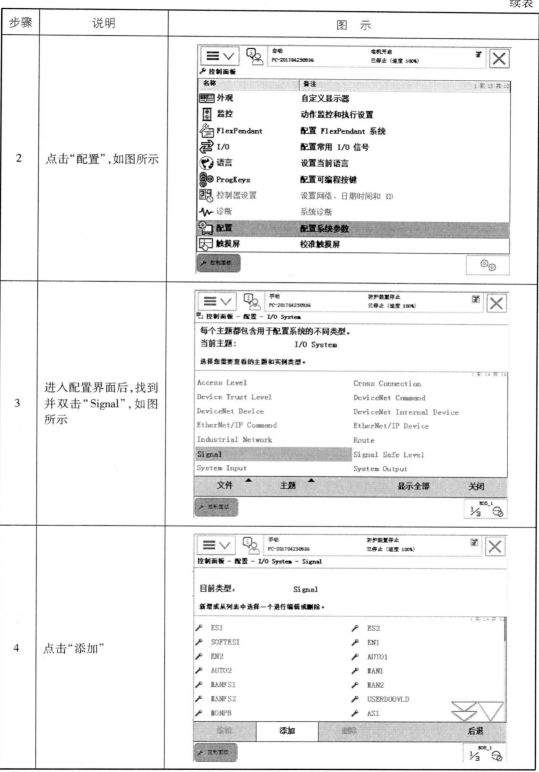
3	进入配置界面后,找到并双击"Signal",如图所示	
4	点击"添加"	

续表

步骤	说明	图示
5	对参数进行设置,首先双击"Name",如图所示	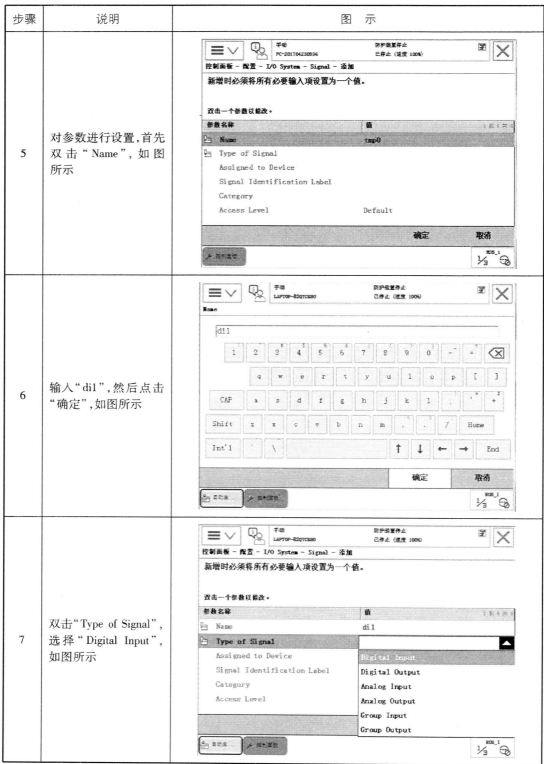
6	输入"di1",然后点击"确定",如图所示	
7	双击"Type of Signal",选择"Digital Input",如图所示	

续表

步骤	说明	图 示
8	按照图示再双击"Assigned to Device",选择"d652"	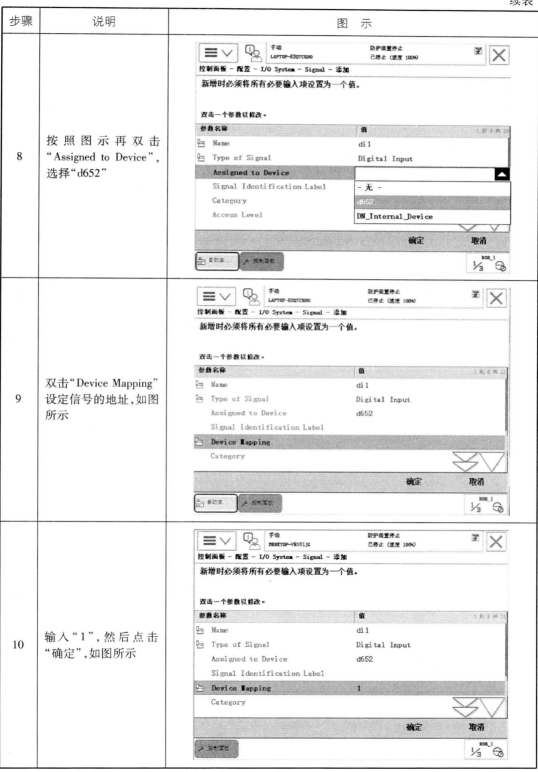
9	双击"Device Mapping"设定信号的地址,如图所示	
10	输入"1",然后点击"确定",如图所示	

77

续表

步骤	说明	图　示
11	点击"确定",完成 di1 设定	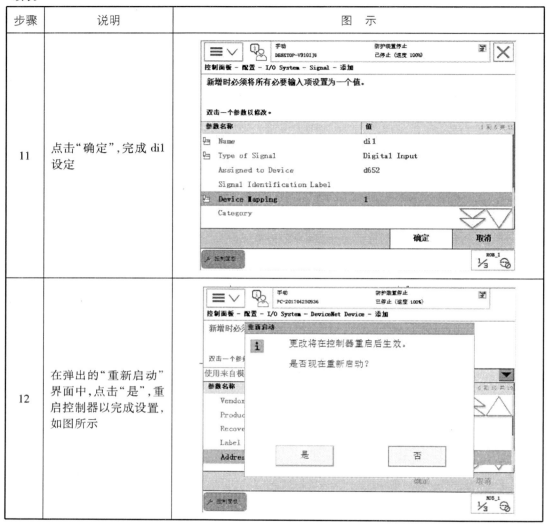
12	在弹出的"重新启动"界面中,点击"是",重启控制器以完成设置,如图所示	

二、数字量输出信号的定义

上面介绍了数字量输入信号 di1 的定义。在此任务中,我们可以采用相同的方法完成数字量输出信号 do1 的定义。表 3-4 为输出信号定义的参数。

表 3-4　数字量输出信号 do1 参数表

参数名称	设定值	说明
Name	do1	设定输出信号的名称
Type of Signal	Digital Output	设定信号的种类
Assigned to Device	d652	设定信号所在的 I/O 模块
Device Mapping	1(0～15 均可)	设定信号的地址

输出信号定义步骤如下：

步骤	说明	图　示
1	进入"配置"界面双击"Signal"，如图所示	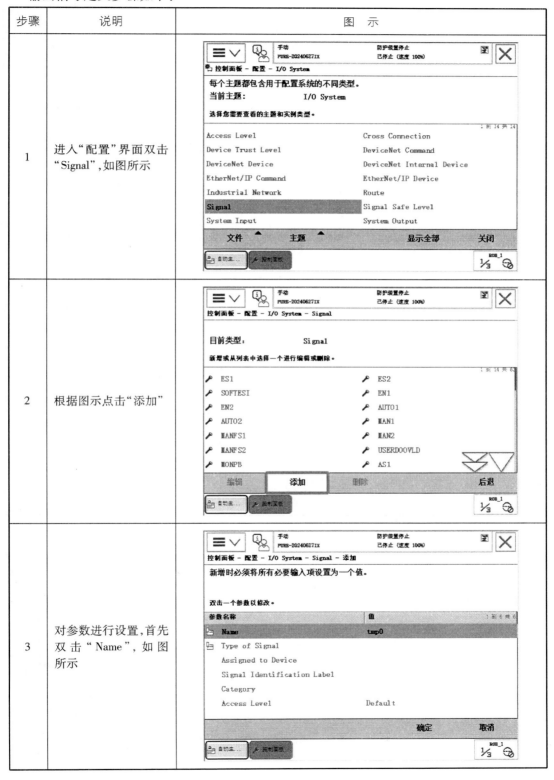
2	根据图示点击"添加"	
3	对参数进行设置，首先双击"Name"，如图所示	

续表

步骤	说明	图　示
4	如图所示,输入"do1",然后点击"确定"	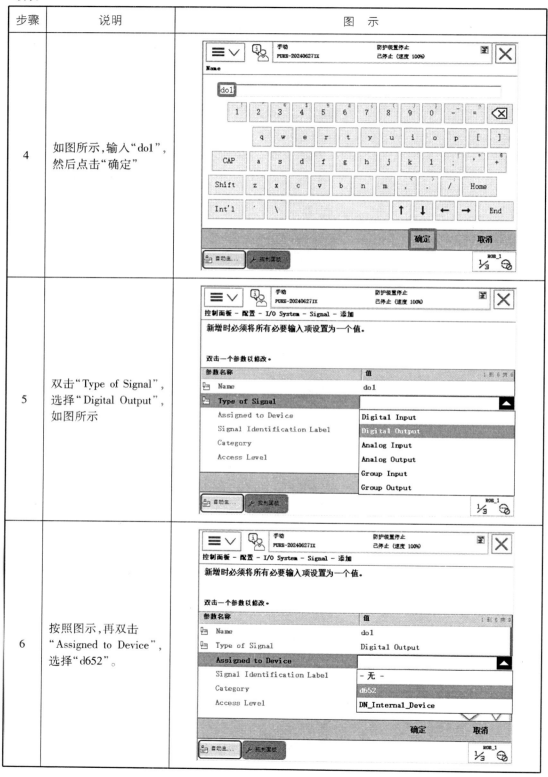
5	双击"Type of Signal",选择"Digital Output",如图所示	
6	按照图示,再双击"Assigned to Device",选择"d652"。	

续表

步骤	说明	图示
7	双击"Device Mapping"设定信号地址,如图所示	
8	输入"1",根据图示,点击"确定",完成设定	
9	在弹出的重新启动界面,点击"是",重启控制器以完成设置,如图所示	

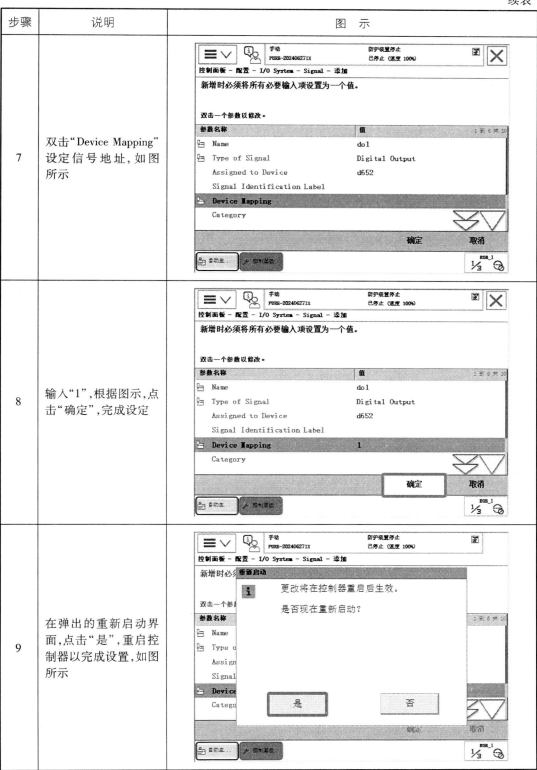

三、可编程按键设置

如图 3-2 所示,方框内的 4 个按键为示教器可编程按键,在操作机器人时将可编程按键与 I/O 信号匹配起来,这样可以方便地控制 I/O 信号。

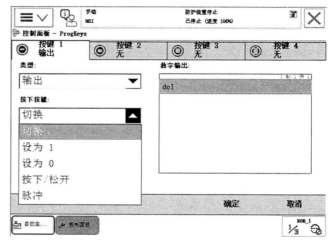

图 3-2 可编程按键   图 3-3 按键功能模式

在对可编程按键进行配置时,可将按键配置为不同的按键模式,分别为"切换""设为 1""设为 0""按下/松开"和"脉冲",如图 3-3 所示。具体说明如下:

①切换:按一次按键,I/O 信号取反,即 I/O 信号在"0"和"1"之间进行切换。

②设为 1:按一次按键,I/O 信号置为 1。

③设为 0:按一次按键,I/O 信号置为 0。

④按下/松开:按住按键不松开,I/O 信号置为 1;松开按键,I/O 信号置为 0。

⑤脉冲:按一次按键,I/O 输出一个脉冲。

可编程按键的配置方法步骤如下:

步骤	说明	图 示
1	进入主菜单,在示教器操作界面中选择并点击"控制面板"	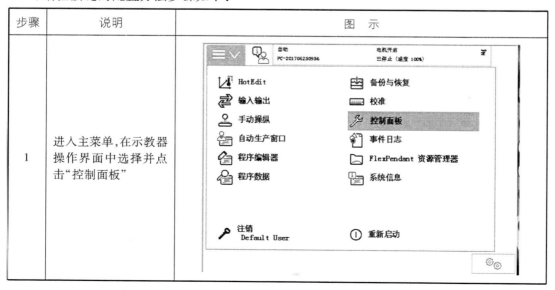

步骤	说明	图　示
2	点击"配置可编程按键"	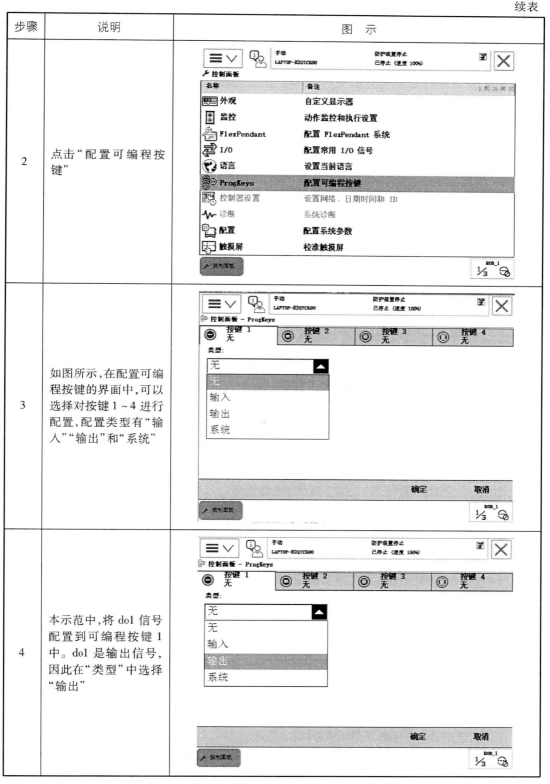
3	如图所示，在配置可编程按键的界面中，可以选择对按键 1～4 进行配置，配置类型有"输入""输出"和"系统"	
4	本示范中，将 do1 信号配置到可编程按键 1 中。do1 是输出信号，因此在"类型"中选择"输出"	

续表

步骤	说明	图　示
5	"按下按键"中选择"切换"模式	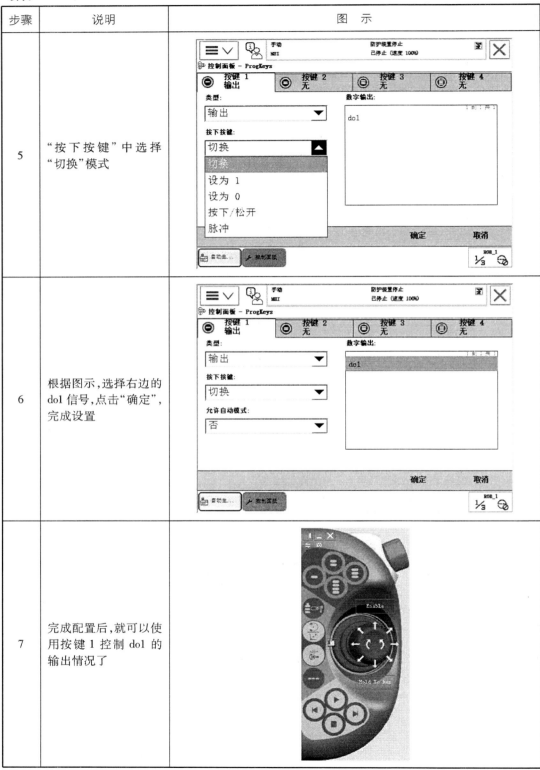
6	根据图示,选择右边的do1信号,点击"确定",完成设置	
7	完成配置后,就可以使用按键1控制do1的输出情况了	

四、I/O信号的监控

步骤	说明	图示
1	在主菜单操作界面中选择并点击"输入输出"	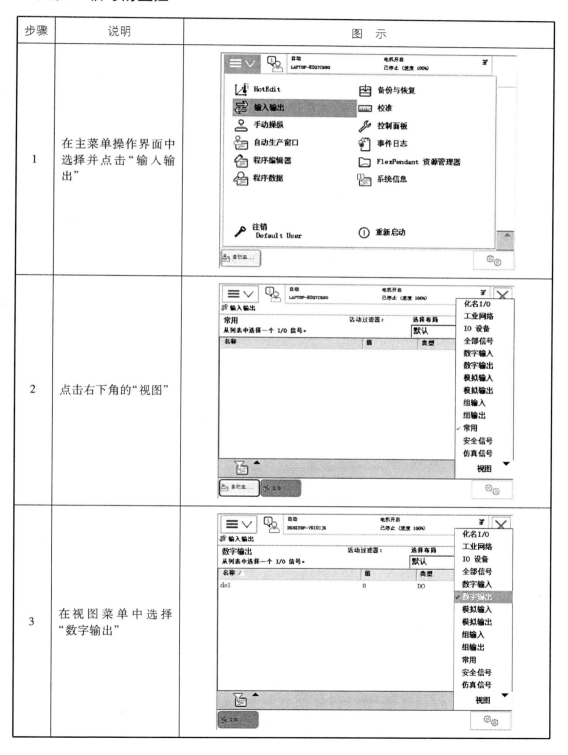
2	点击右下角的"视图"	
3	在视图菜单中选择"数字输出"	

续表

步骤	说明	图　示
4	之前实操定义过的信号如图所示,通过该窗口可对信号进行监控查看	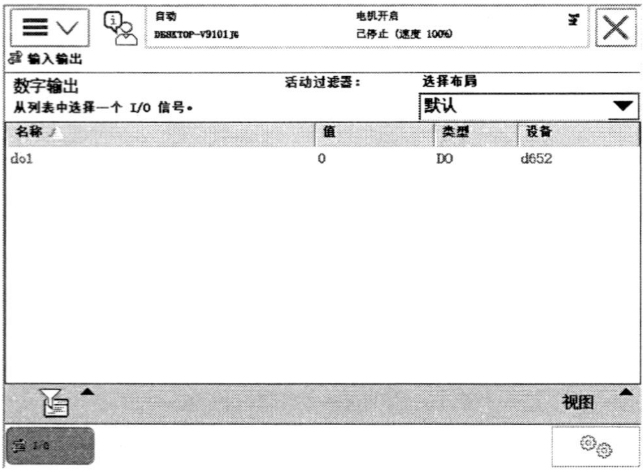
5	选择 do1 信号,通过下面的"1""0"给信号置位复位	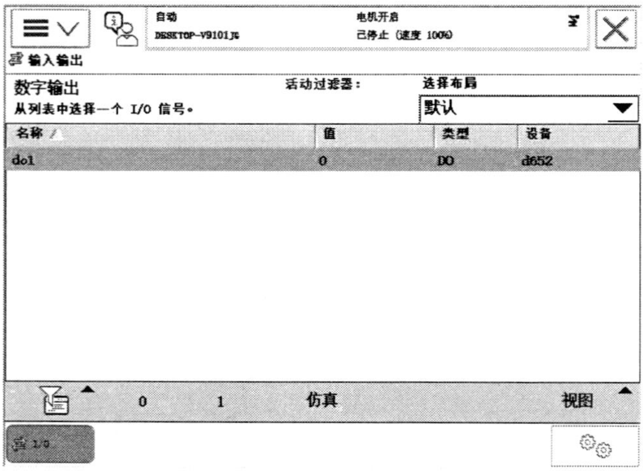

五、I/O 控制指令

I/O 控制指令用于在程序中控制 I/O 信号,包括数字量 I/O 的置位复位、模拟量 I/O 的输出、I/O 信号的等待判断。

1. Set 数字量 I/O 置位指令

Set 数字量 I/O 置位指令用于将数字输出置位为"1",如图 3-4 所示,程序中添加了"Set do1"指令,即将 do1 置位为 1。

2. Reset 数字量 I/O 复位指令

Reset 数字量 I/O 复位指令用于将数字输出复位为"0"。如图 3-5 所示,在程序中添加了"Reset do1"指令,即将 do1 复位为 0。注意,在 Set、Reset 指令前后的运动指令 MoveL、MoveJ、MoveC 不能有转弯区数据,必须使用 fine,因为有转弯区数据时,机器人需要预读前后的指令才能算出转弯区数据,所以 I/O 控制指令会被预读而被提前执行。

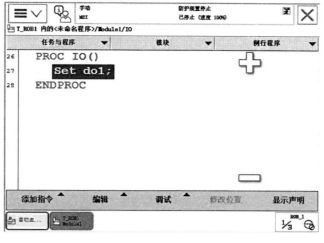

图 3-4　Set 指令

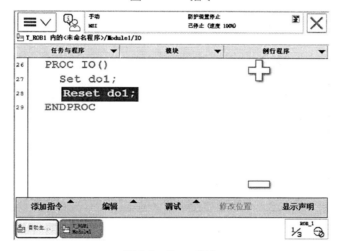

图 3-5　Reset 指令

3. SetAO

用于改变模拟输出端口的输出值。

例如:

```
SetAO ao0,2.0;
```

将信号 ao0 设置为 2.0。

4. SetDO

用于改变数字量输出端口的值。

例如:

```
SetDO do1,1;
```

将信号 do1 设置为 1。

5. SetGO

用于改变数字量组输出信号的值。

例如：

```
SetGO go1,12;
```

将数字量组输出信号 go1 设置为 12。

在本书中定义 go1 有 8 个位,又因为 12 的二进制为 00001100,所以 I/O 口的 2、3 号位置为 1。

6. WaitAI

等待模拟信号输入值大于/小于设定值。

例如：

```
WaitAI ai0, \GT,5;
```

等待 ai0 模拟输入信号大于 5 之后,才能继续向下执行程序。其中 GT 为 Greater Than,LT 即 Less Than。

7. WaitDI

等待数字信号输入值等于设定值。

例如：

```
WaitDI di1,1;
```

等待 ai1 数字输入信号等于 1 之后,才能继续向下执行程序。

8. WaitGI

等待数字量组输入信号等于设定值。

例如：

```
WaitGI gi1,5;
```

等待 gi1 输入信号等于 5 后,才能继续向下执行程序。

总结思考

1. 什么是数字量输入信号？什么是数字量组输入信号(GI)？
2. 什么是数字量输出信号？什么是数字量组输出信号(Go)？
3. 数字量组输入/输出信号比单个 I/O 信号有什么优势？
4. 可编程按键在 I/O 配置中有什么重要作用？
5. 列举常见的两种 I/O 控制指令及其作用。

项目四

工业机器人高级编程应用

📖 学习目标

知识目标

- 了解常用的程序数据类型、定义和赋值方法。
- 了解常用的逻辑判断指令与调用例行程序指令的应用。
- 掌握轨迹在工件坐标系中转移的原理。

技能目标

- 能使用常用的逻辑判断指令与调用例行程序指令。
- 能建立工件坐标系并测试其准确性。
- 能使用 FOR 实现工业机器人的重复运动。

思政目标

- 通过学习逻辑判断指令(如 IF、WHILE、FOR 等,要求学生掌握精准的条件判断和程序控制方法,培养学生在工业编程中严谨的科学态度,确保每一个判断和执行都准确无误。
- 使用不同的循环指令实现工业机器人的重复运动,鼓励学生探索不同的编程方法和优化策略,以提高机器人的工作效率和稳定性。这不仅能激发学生的创新思维,还能提升其将理论知识应用于实践的能力。

任务一 多工位工件切割的高级编程应用

任务描述

在现代工业生产环境中,本任务旨在利用工业机器人进行激光切割作业,以提升生产效率、减少人工干预并确保产品质量。具体要求包括:为两个工作台上的工件各进行一次切割,如图 4-1 所示,通过规划机器人的运动路径,编写并调试程序来实现这一目标。为了准确高效地完成切割任务,将采用切换工件坐标系的方法实现切割轨迹的偏移,并借助赋值指令简化程序。为此,需要配置三个工件坐标系(两个设置于工作台上,一个作为备用)以及一个名为tool1 的工具坐标系(精确建立在夹具位置),以确保工业机器人的操作能够精准执行。

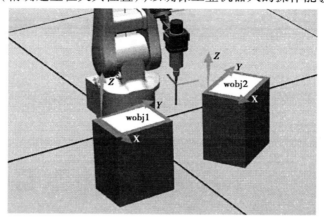

图 4-1　多工位工件切割

知识准备

一、认识工件坐标系

机器人可以拥有多个工件坐标系,用来表示不同工件,或者表示不同工作站。机器人在出厂时有一个预定义的工件坐标系 wobj0,默认与基坐标系一致。

采用"三点法"标定工件坐标系。只需定义三个点($X1$,$X2$,$Y1$)位置,来创建一个工件坐标系。X 轴正方向为从 $X1$ 点连线到 $X2$ 点;Y 轴为 $Y1$ 点做垂线垂直于 X 轴,Y 轴正方向为从垂点连线到 $Y1$ 点。因此如果要确定原点,$X1$ 点要在垂线上(图 4-2)。因为机器人的坐标系是笛卡尔坐标系,所以 Z 轴的确定使用右手定则。如图 4-3 所示。

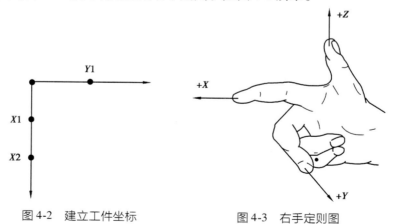

图 4-2　建立工件坐标　　　　　图 4-3　右手定则图

对机器人进行编程时,可以使用工件坐标来创建目标和路径。这样在更改工件坐标的位置时,便可把所有路径更新到新的工件坐标中。如图 4-4 所示,首先在例行程序"GUIJI"中,使用工件坐标 B 对 A 轨迹进行编程。如果工件坐标 D 的相对位置需要与 A 一样的轨迹 C,则只需将程序"GUIJI"中的工件坐标 B 改为工件坐标 D,机器人的轨迹就自动更新到 C 了,不需要再次进行轨迹编程了。因为 A 相对于 B,C 相对于 D 的关系是一样的,并没有因为整体偏移而发生变化,所以机器人的轨迹将自动更新到工件坐标 D 中,不需要再次进行轨迹编程。

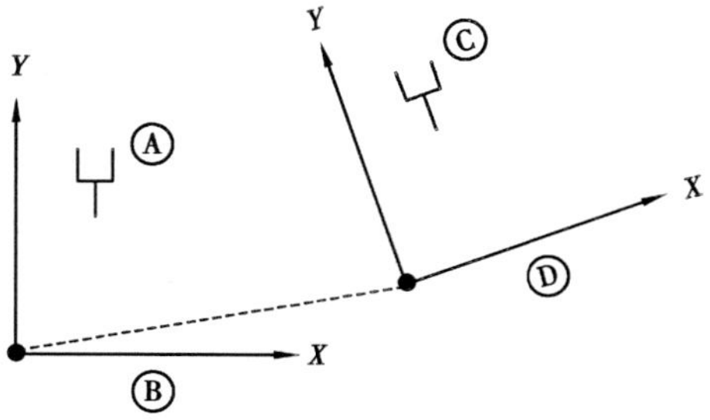

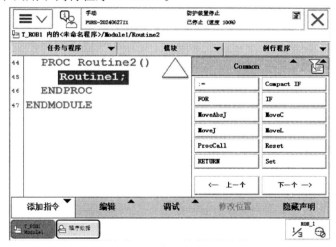

图 4-4　坐标偏移示意图

二、ProcCall 调用例行程序的用法

在机器人应用中,通常需要机器人重复执行相同的工作流程,为了简化程序,可以把这种工作流程编写在一个独立的例行程序中,当机器人需要执行这种工作流程时,可以重复调用这个例行程序,也称子程序的调用。RAPID 语言中调用程序的专用指令为 ProCall。如图 4-5 所示,在 Routine2 中调用了例行程序 Routine1。

图 4-5　ProcCall 调用例行程序指令

当程序执行到该指令时,程序跳到 Routine1 程序中,执行完 Routine1 例行程序后,程序将跳回 Routine2 继续执行后面的语句,所以程序可相互调用。

注意,在新建例行程序时,可以选择例行程序类型:Procedure(程序)类型程序没有返回值,可以用指令直接调用;Function(功能)类型的程序有返回值,必须通过表达式调用;Trap(中断)类不能在程序中直接调用。

任务实施

一、建立工件坐标系

工件坐标数据 wobjdata 与工具坐标数据 tooldata 一样,是机器人系统的一个程序数据类型,用于定义机器人的工件坐标系。工件坐标数据 wobjdata 可以对相应的工件坐标系进行修改。在手动操作机器人进行工件坐标系的设定过程中,系统自动将表中的数值填写到示教器中。如果已知工件坐标的测量值,则可以在示教器 wobjdata 设置界面中对应的设置参数下输入这些数值,以设定工件坐标系。

步骤	说明	图　示
1	根据图示,点击主菜单中"手动操纵"选项	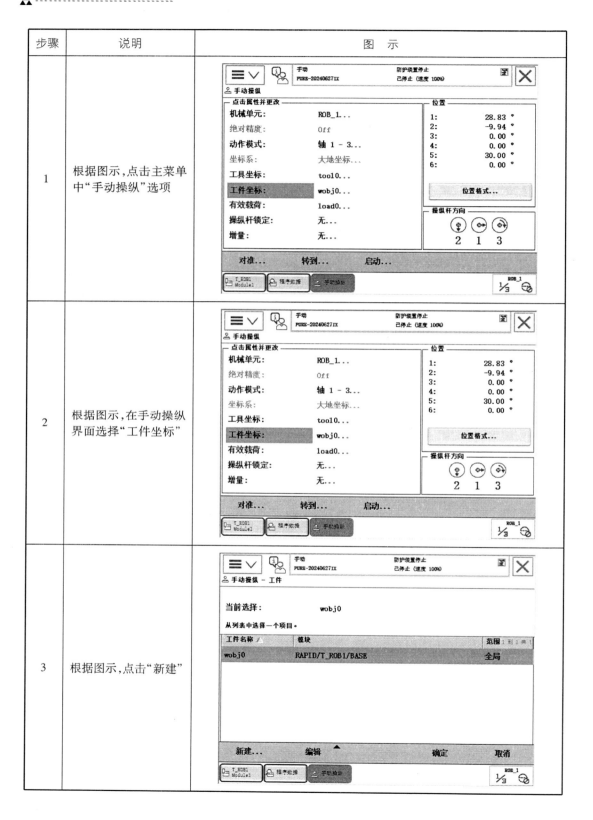
2	根据图示,在手动操纵界面选择"工件坐标"	
3	根据图示,点击"新建"	

步骤	说明	图　示
4	根据图示,对相关属性进行设定后,点击"确定"	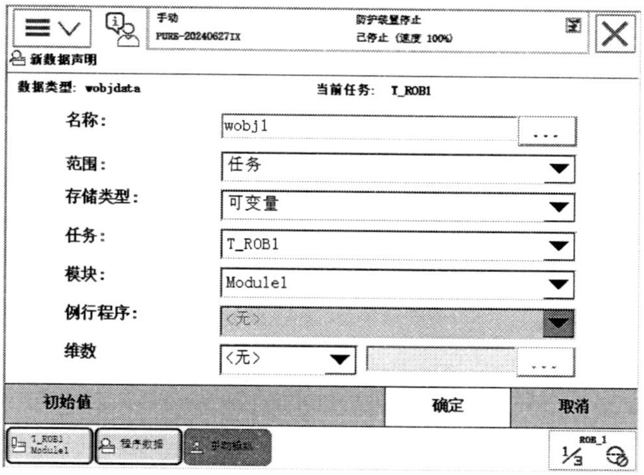 新数据声明 数据类型: wobjdata　　当前任务: T_ROB1 名称: wobj1 范围: 任务 存储类型: 可变量 任务: T_ROB1 模块: Module1 例行程序: <无> 维数 <无> 初始值　　确定　　取消 T_ROB1 Module1
5	根据图示,选择新建的工件坐标"wobj1",点击"编辑",再点击"定义…"	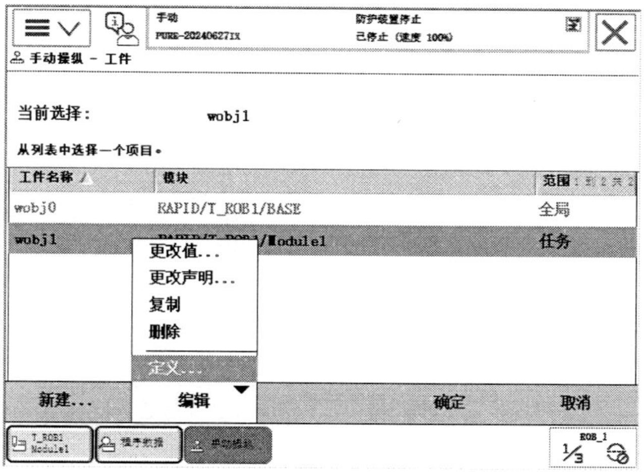 手动操纵 - 工件 当前选择: wobj1 从列表中选择一个项目。 工件名称　模块　范围:到2共2 wobj0　RAPID/T_ROB1/BASE　全局 wobj1　RAPID/T_ROB1/Module1　任务 更改值… 更改声明… 复制 删除 定义… 新建…　编辑　确定　取消 T_ROB1 Module1
6	根据图示,将"用户方法"设定为"3 点"	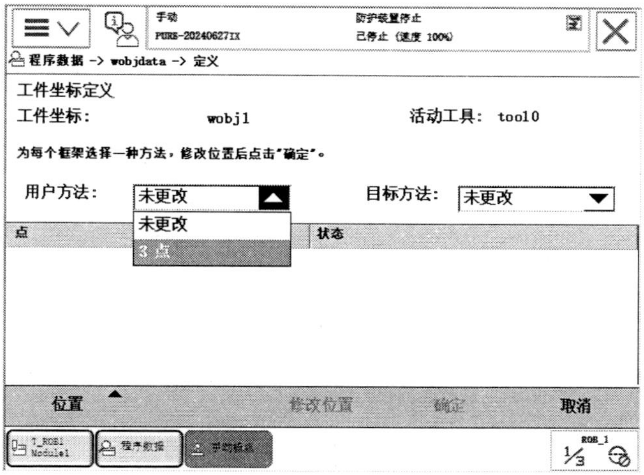 程序数据 -> wobjdata -> 定义 工件坐标定义 工件坐标: wobj1　　活动工具: tool0 为每个框架选择一种方法,修改位置后点击"确定"。 用户方法: 未更改　　目标方法: 未更改 点　未更改　　状态 3 点 位置　　修改位置　确定　取消 T_ROB1 Module1

续表

步骤	说明	图　示
7	根据图示,手动操作机器人使 TCP 靠近 X1 点	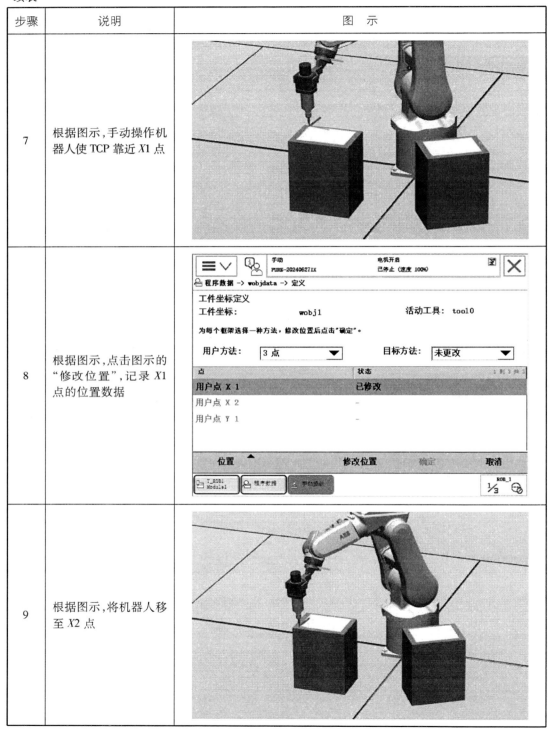
8	根据图示,点击图示的"修改位置",记录 X1 点的位置数据	
9	根据图示,将机器人移至 X2 点	

步骤	说明	图示
10	点击图示的"修改位置",记录 X2 点的位置数据	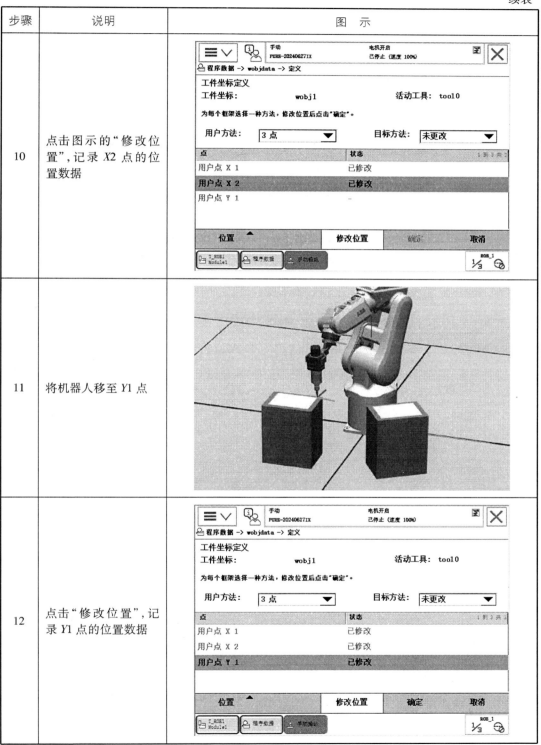
11	将机器人移至 Y1 点	
12	点击"修改位置",记录 Y1 点的位置数据	

续表

步骤	说明	图示
13	三点位置数据设置完成,点击"确定"	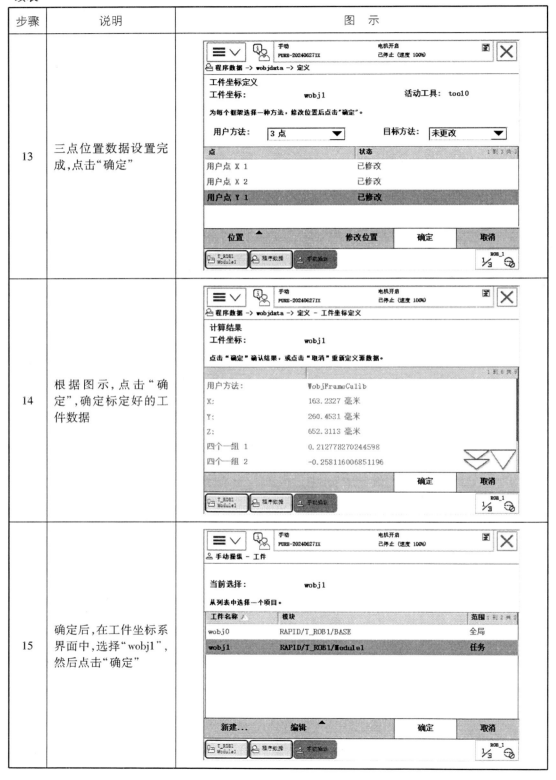
14	根据图示,点击"确定",确定标定好的工件数据	
15	确定后,在工件坐标系界面中,选择"wobj1",然后点击"确定"	

续表

步骤	说明	图　示
16	按照图示,"坐标系"选择工件坐标,"工件坐标"选择新建的工件坐标系"wobj1",使用线性动作模式,手动操作机器人,观察机器人在 wobj1 上的移动方向	

二、长方形切割轨迹在工件坐标系间的偏移

步骤	说明	图　示
1	建立工件坐标系"wobj1""wobj2"和"wobj3"	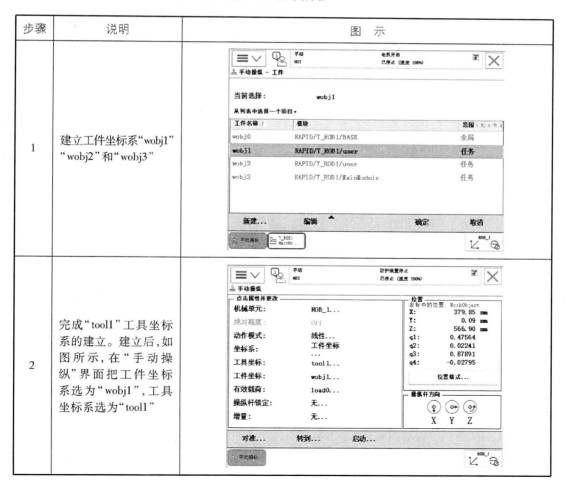
2	完成"tool1"工具坐标系的建立。建立后,如图所示,在"手动操纵"界面把工件坐标系选为"wobj1",工具坐标系选为"tool1"	

续表

步骤	说明	图　示
3	新建一个例行程序"changfangxing"，编辑一个长方形轨迹程序	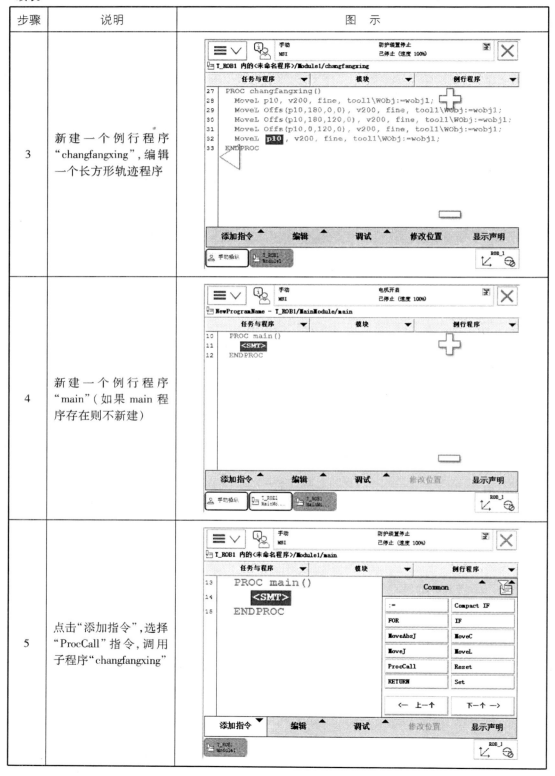
4	新建一个例行程序"main"（如果 main 程序存在则不新建）	
5	点击"添加指令"，选择"ProcCall"指令，调用子程序"changfangxing"	

续表

步骤	说明	图　示
6	完成了一个长方形的轨迹运行，针对将要进行下一个长方形轨迹的运行，把"wobj2"赋给"wobj1"，但直接赋值会覆盖"wobj1"的值，因此首先要将"wobj1"储存到"wobj3"，点击赋值符号	
7	点击"更改数据类型"	
8	找到工件坐标系的数据类型"wobjdata"，点击"确定"	

续表

步骤	说明	图　示
9	用赋值指令把"wobj1"赋给"wobj3",这样可以把"wobj1"存储下来。再把"wobj2"赋给"wobj1",这样在调用"changfangxing"程序时,就把长方形轨迹转移到工件坐标系wobj2的相对位置	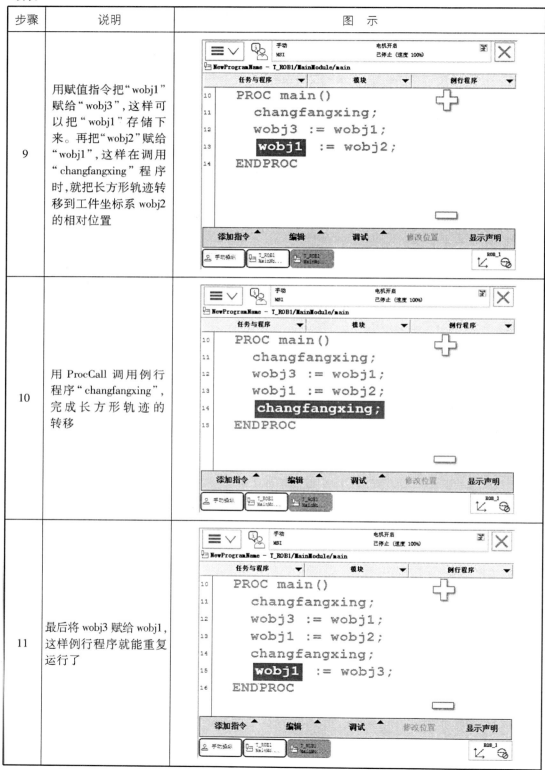
10	用ProcCall调用例行程序"changfangxing",完成长方形轨迹的转移	
11	最后将wobj3赋给wobj1,这样例行程序就能重复运行了	

总结思考

1. 如何建立工件坐标系?
2. 工业机器人编程用到工件坐标系赋值的方法有什么优势?
3. 工业机器人 ProcCall 调用例行程序指令不能调用哪些类型的程序?

任务二　单个工件搬运的高级编程应用

任务描述

在某企业生产车间中,为了提升生产效率,增强搬运作业的准确性,并有效减少人力成本,部署了一条工业机器人自动化搬运生产线。该生产线能够精确地识别传送带上的工件,机器人会稳定地抓取这些工件,按照预先设定的路径和速度将工件平稳地搬运至指定的位置,如图 4-6 所示。要求编写这条自动化生产线的搬运程序,首先要使用 IF 判断指令来检测传送带上是否存在工件,在确认有工件存在时,工业机器人便会自动移动到传送带上的指定位置进行搬运,并准确地将工件放置到预设的目标位置。

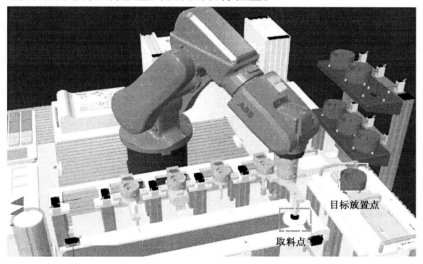

图 4-6　单个工件搬运

知识准备

一、IF 指令

条件判断指令用于对条件进行判断后,根据是否满足条件,分别执行不同的程序,即"如果满足条件,那么……,否则……"。ABB 机器人中常用的 IF 语句有 Compact IF,IF。

1. Compact IF

紧凑型条件判断指令,用于当一个条件满足了以后,就执行一句指令。例如:

```
IF i=0 THEN
  i:=i+1;
```

如果 i=0,则将 i+1 赋值给 i。

2. IF

条件判断指令,满足 IF 条件,则执行满足该条件下的指令。

例如:

```
IF i>5 THEN
Set do1;
Set do2;
ENDIF
```

仅当 i 大于 5 时,将信号 do1 和 do2 置 1。

例如:

```
IF reg1>100 THEN
reg1:=0;
ELSEIF reg1<0 THEN
reg1:=0;
ELSE
reg1:=reg1+1;
ENDIF
```

如果 reg1 的数值在 0～100 内,则 reg1 值加 1。如果不在 0～100 范围内,则把 0 赋值给 reg1。

二、GOTO 和 Label 指令

1. GOTO<ID>

```
GOTO:跳转指令
```

程序运行到此处,将跳转到 GOTO 后面<ID>指定的地方执行。

2. Label <ID>

```
Label:标签指令
```

使用 GOTO 指令,可直接跳转至该名称处继续执行程序。

Label 与 GOTO 指令使用格式示例:

```
Lab3:
MoveJ p10, v1000, Z20, tool1;
MoveJ p20, v1000, Z20, tool1;
GOTO Lab3;
```

Label 与 GOTO 注意事项:标签名称不能使用数字开头,一定要以字母为首,且名称中不能带有符号。

在同一程序中,不能建立相同的标签名称,而跳转可以多次选择相同的标签名称。

跳转指令可以在同一模块看到任一例行程序中的标签名称,但是必须在相同的程序下方可使用。

三、搬运程序结构构建

1. 程序结构

单个工件搬运程序是由主程序(Main)、初始化程序(Initializer)、搬运程序(banyun)构建而成。

2. 单个工件搬运路径规划

单个工件搬运路径规划选点详见表 4-1,坐标系类型详见表 4-2,I/O 信号配置表详见 4-3。

表 4-1　单个工件搬运路径规划选点详解

位置代号	机器人位置	选取要求
jpos10	原点位置	机器人不工作时的安全位置
p10	吸取安全点	机器人能从运动路径各位置或者大部分位置都能相对安全到达的位置
p20	吸取接近点、吸取逃离点	避免与物料发生碰撞
p30	吸取点	任务指定取料点
p11	放置安全点	为避开障碍物设置的机器人运动轨迹中的点
p50	放置接近点、放置逃离点	避免与物料发生碰撞
p60	放置点	任务指定放料点

表 4-2　编程坐标类型详解

坐标类型	坐标名称
吸取位置工件坐标	liaotai_wobj
吸盘工具坐标	tool1

表 4-3　I/O 信号配置表

输入信号(di)名称	控制说明
di1	检测传动带的取料台有没有工件
输出信号(do)名称	控制说明
do1	控制吸盘吸取放下

单个工件搬运路径:原点(jpos10)→吸取安全点(p10)→吸取接近点(p20)→吸取点(p30)→吸取逃离点(p20)→吸取安全点(p10)→放置安全点(p11)→放置接近点(p50)→放置点(p60)→放置逃离点(p50)→放置安全点(p11)→原点(jpos10)

3. 单个工件搬运程序代码

示例程序：

```
PROC Main()
1.Initializer;
初始化程序。
2.A:
! 添加一个标签指令"A"，为了配合后续程序作跳转。
3.IF di1 =1 THEN
! 利用 IF 条件判断指令，判断传送带上是否有工件，当 di1 等于 1 时，说明传送带上有工件，往下执
行程序。
4.Banyun;
搬运程序。
5.ELSE:
! 当以上条件不满足时则运行以下指令。
6.GOTO A;
! 跳转到标签(A)处。
7.ENDIF
! IF 结束指令。
ENDPROC
! 结束该程序段。


PROC initializer()


1.Reset do1;
! 复位数字 IO 信号 do1，吸盘复位。
2.MoveAbsJ jpos10, v300, fine, tool1 \wobj:=liaotai_wobj;
! jpos10 为机器人的原点位置，确保机器人在运行前处于安全位置。
ENDPROC
! 结束该程序。


PROC banyun()


1.MoveJ p10, v150, z50, tool1 \wobj:=liaotai_wobj;
! p10 为抓取工件的安全点，让机器人处于安全位置，避免在动作中撞击到其他设备，在保证安全的
情况下，可将速度提高，以保证生产效率，并且可将转弯区数据设为 z50，减少机器人对减速机的损耗。
2.MoveJ p20, v150, z5, tool1 \wobj:=liaotai_wobj;
! 为保证机器人能够准确吸取工件，需要设定一个接近点。
3.MoveL p30, v30, fine, tool1 \wobj:=liaotai_wobj;
! p30 为工件吸取点，在这也应该把速度再放慢一点，避免损坏工件，并且将转弯区设定成 fine，确
保机器人能够稳定的吸取工件。
4.Set do1;
! 置位数字 IO 信号 do1，吸盘进行吸取。
```

5.WaitTime 1;

！等待 1 s,让机器人吸取的时候有个缓冲时间,让机器人确保吸取到工件。

6.MoveJ p20, v150, z50, tool1 \wobj:=liaotai_wobj;

！当机器人吸稳工件后,途经吸取逃离点。

7.MoveJ p10, v300, z50,tool1 \wobj:=liaotai_wobj;

！机器人把工件运送到安全区域。

8.MoveJ p11, v300, z50,tool1 \wobj:=liaotai_wobj;

！机器人途经放置安全点。

9.MoveJ p50, v300, z5,tool1 \wobj:=liaotai_wobj;

！机器人运行至放置接近点。

10.MoveL p60, v50,fine ,tool1 \wobj:=liaotai_wobj;

！机器人运行至放置点。

11.Reset do1;

！复位数字 IO 信号 do1,放置工件。

12.WaitTime 1;

！等待 1 s,当机器人到达放置点时,给机器人一个缓冲时间,等机器人完全放置好工件。

13.MoveJ p50, v300, z5,tool1 \wobj:=liaotai_wobj;

！当机器人将工件正确地放到相应的位置上后,要给机器人设一条安全的逃离路径,可以将刚刚设置接近点当作逃离点使用,直接将接近点那条程序复制下来即可。

14.MoveJ p11, v300, z50,tool1 \wobj:=liaotai_wobj;

！机器人回到放置安全点 p11 位置。

15.MoveAbsJ jpos10, v300, z50, tool1 \wobj:=liaotai_wobj;;

！当机器人放置完工件后,使机器人回到原点位置结束运行。

ENDPROC

！结束该程序段。

任务实施

步骤	说明	图示
1	配置 I/O 信号,输入 "di1"和输出"do1"	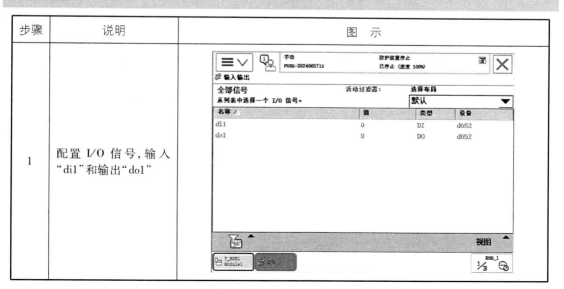

续表

步骤	说明	图　示
2	新建吸盘工具坐标:命名为"tool1"	
3	新建工件台工件坐标,命名为"liaotai_wobj"	
4	新建主程序 main	

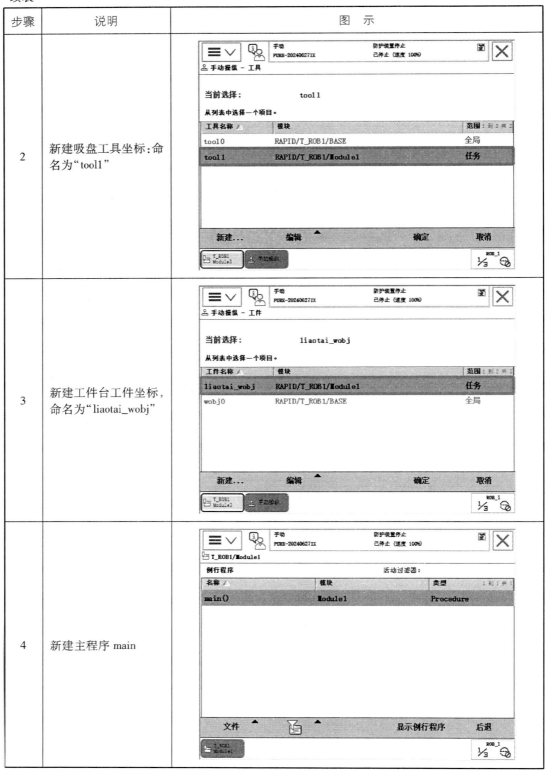

续表

步骤	说明	图　示
5	编写主程序 main 的框架	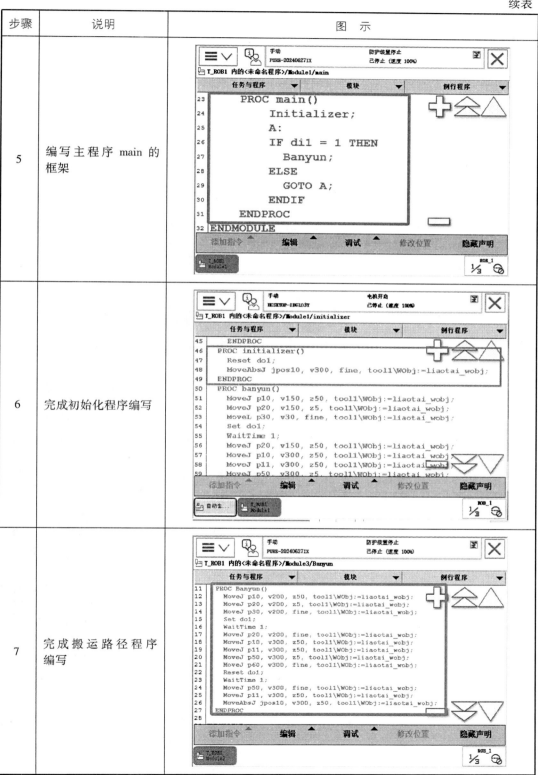
6	完成初始化程序编写	
7	完成搬运路径程序编写	

续表

步骤	说明	图　示
8	点击"pp"移至"Main"	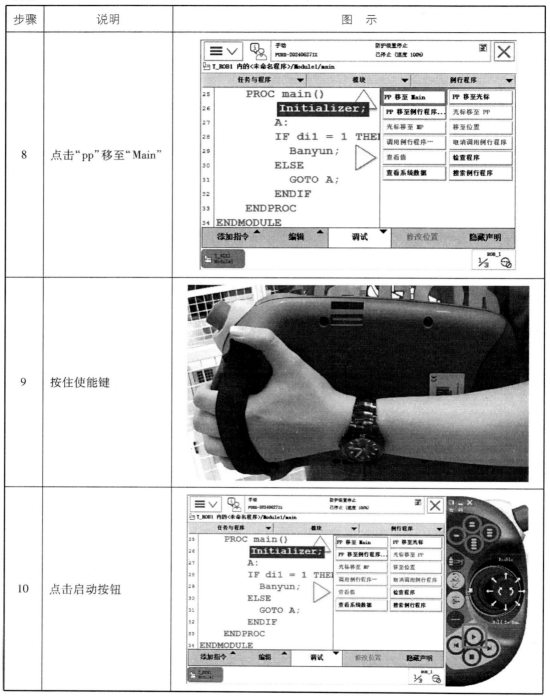
9	按住使能键	
10	点击启动按钮	

总结思考

该任务中使用了哪些条件判断？这些条件是如何影响机器人操作的？

任务三　多个工件码垛的高级编程应用

任务描述

在企业的自动化生产线体系中，为了进一步增强产品的生产效率与码垛精确度，拟定了对工业机器人进行编程与调试的计划。该任务的核心点在于，通过编程使工业机器人能够精确无误地识别出物料区12个工件位置，随后利用 FOR 指令连续执行从物料区到码垛区的搬运流程，并按照既定的每层4个工件摆放3层的要求，整齐地摆放在码垛区域，如图4-7所示。

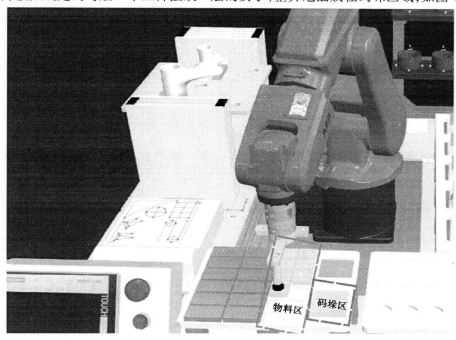

图4-7　多个工件码垛

知识准备

一、FOR 指令

1. FOR

编程中用于循环处理的语句，用于一个或多个指令需要重复执行多次的情况。例如：

```
FOR i FROM 1 TO 10 DO
i=i+1;
ENDFOR
```

i 从1变到10，每次循环 i 加1，所以此段语句重复执行了10次，即重复执行 i=i+1 语句10次。

二、WHILE 指令

1. While 概述

（1）概念

While 是一种循环功能指令。当条件满足的情况下，程序将重复执行相应的语句。通常应用于主程序当中，目的是将初始化程序隔开。

（2）指令格式

```
WHILE <EXP> DO
     <SMT>
   ENDWHILE
```

<EXP>：选择条件执行。可以是 bool 量、num 数据量、signal 信号量等。

<SMT>：选择执行的指令/程序。

例如：

```
WHILE num1≥num2 DO
num1:=num1+1
当 num1≥num2 条件满足时，就一直执行 num1:=num1+1 操作
ENDWHILE
```

三、码垛程序结构构建

1. 程序结构

工件搬运程序是由主程序（Main）、初始化程序（Initializer）、运算程序（Arithmetic）、吸取程序（pick）及放置程序（place）构建而成。

2. 码垛路径规划

码垛路径规划选点详见表 4-4，编程坐标系类型详见表 4-5，编程变量类型详见表 4-6，I/O信号配置详见表 4-7。

表 4-4　码垛路径规划选点详解

位置代号	机器人位置	选取要求
jpos10	原点位置	机器人不工作时的安全位置
p20	吸取安全点位置	机器人能从运动路径各位置或者大部分位置都能相对安全到达的位置
p40	吸取点	任务指定取料点
p22	放置安全点	为避开障碍物设置的机器人运动轨迹中的点
p50	放置点	任务指定放料点

码垛（重复运行 12 次）：原点（jpos 10）→吸取安全点（p20）→吸取接近点（p40 偏移）→吸取点（p40）→吸取逃离点（p40 偏移）→吸取安全点（p20）→放置安全点（p22）→放置接近点（p50 偏移）→放置点（p50）→放置逃离点（p50 偏移）→放置安全点（p22）。

表 4-5 编程坐标类型详解

坐标类型	坐标名称
码垛工件坐标	Maduo_wobj
吸盘工具坐标	XiFu_tool

表 4-6 编程变量类型详解

变量类型	变量	功能作用
num	reg1	计算搬运次数
num	reg2	计算放置工件时 Y 轴的偏移量
num	regx	计算吸取放置工件时 X 轴的偏移量
num	regy	计算吸取工件时 Y 轴的偏移量
num	regz	计算放置工件时 Z 轴的偏移量

表 4-7 I/O 信号配置表

输出信号(do)名称	控制说明
do1	控制吸盘吸取及放下

3.码垛程序代码

示例程序(主程序 1 使用 FOR 指令进行循环,主程序 2 使用 WHILE 指令进行循环,其他子程序不变):

```
PROC Main1()
! 主程序1
1.rInitialize;
! 在运行程序之前,需要插入初始化程序,通过初始化程序将机器人复位。
2.FOR  i  FROM  1  TO 12 DO
! 通过 FOR 指令进行循环 12 次工作,所以在循环指令中调用吸取工件程序,放置工件程序及运算程
序完成工作。
3.rPick;
! 调用吸取工件子程序。
4.rDrop;
! 调用放置工件子程序。
5.rArithmetic;
! 调用运算子程序;当完成一次搬运后,需要运算程序进行计算偏移位置数据。
6.ENDFOR
! 当完成 12 次后,结束循环任务。
7.MoveAbsJ jpos10, v500, fine, XiFu_tool;
! 码垛完成后,在此使用绝对关节运动指令将机器人移至原点位置进行待命,并将转弯区数据设置为
fine。
ENDPROC
```

```
PROC Main2()
! 主程序2
1.rInitialize;
! 在运行程序之前,需要插入初始化程序,通过初始化程序将机器人复位。
2.WHILE reg1≤11 DO
! 通过WHILE指令进行循环,当搬运次数reg1小于等于11时,循环调用吸取工件程序,放置工件程
序及运算程序完成码垛。
3.rPick;
! 调用吸取工件子程序。
4.rDrop;
! 调用放置工件子程序。
5.rArithmetic;
! 调用运算子程序;当完成一次搬运后,需要运算程序进行计算偏移位置数据。
6.ENDWHILE
! 当循环次数reg1大于11时,结束循环任务。
7.MoveAbsJ jpos10, v500, fine,XiFu_tool;
! 码垛完成后,在此使用绝对关节运动指令将机器人移至原点位置进行待命,并将转弯区数据设置为
fine。
ENDPROC

PROC rInitialize()
! 初始化程序。
1.Reset do1 ;
! 将吸盘进行复位。
2.regx : = 0 ;
3.regy : = 0 ;
4.regz : = 0 ;
5.reg1 : = 0 ;
6.reg2 : = 0 ;
! 将本次工作程序中用到的数据进行复位,使其变回原始值0。
7.MoveAbsJ jpos10, v500, fine.XiFu_tool;
! 当机器人处于安全位置的情况下,可以插入绝对关节运动指令让其回到原点位置待命。
8.ENDPROC
! 结束初始化程序。
PROC rPick()
! 吸取工件程序。
1.MoveJ p20, v400, z50, XiFu_tool \WObj:=Maduo_wobj;
! 通过关节运动指令,将机器人移至工作安全位置p20点,此时的速度可以加快,并将工具坐标设为
吸盘坐标运行,保证机器人运行过程安全。
2.MoveJoffs(p40,regx* 35,regy* 35,10),v200,z50,XiFu_tool \WObj:=Maduo_wobj;
! 将机器人移至接近点位置,此接近位置是根据每块工件位置进行偏高10 mm的高度做为接近位置,
选取本次吸盘工具坐标记录目标点位置,并选取码垛工件坐标进行偏移。
```

3.MoveLOffs(p40,regx* 35,regy* 35,0),v50,fine,XiFu_tool \WObj:=Maduo_wobj;

！吸取位置 p40 点作为吸取工件的吸取点。

4.Set do1;

！输出 do1 信号,使吸盘吸取工件。

5.WaitTime 1;

！等待 1 s 的时间进行缓冲,使机器人吸稳工件后开始动作。

6.MoveLoffs(p40,regx* 35,regy* 35,10),v200,fine,XiFu_tool \WObj:=Maduo_wobj;

！吸稳工件后,将机器人移至逃离位置,为保证机器人搬运过程安全,在此根据每块工件位置进行偏高 10 mm 的高度作为逃离位置。

7.MoveJ p20, v400, z50, XiFu_tool \WObj:=Maduo_wobj;

！回到安全点。

ENDPROC

！结束吸取程序。

PROC rDrop()

！放置工件程序。

1.MoveJ p22, v400, z50, XiFu_tool \WObj:=Maduo_wobj;

！通过关节运动指令,将机器人移至放置安全点位置 p22,此时的速度可以加快,并将工具坐标设为吸盘坐标运行,保证机器人运行过程安全。

2.MoveJOffs(p50,regx* 30,reg2* 30,(regz* 10)+10),v200,z50, XiFu_tool \WObj:=Maduo_wobj;

！通过 offs 偏移功能指令,以 p50 点放置点作为偏移的基础,根据每块工件位置沿+Z 方向偏移 10 mm 作为接近位置。

3.MoveLOffs(p50,regx* 30,reg2* 30,regz* 10),v50,fine,XiFu_tool \WObj:=Maduo_wobj;

！通过 offs 偏移功能及运算程序计算出每块工件的放置位置,使机器人根据具体的数值偏移准确到达放置位置。

4.Reset do1;

！复位吸取信号 do1,进行放置工件。

5.WaitTime 1;

！放置时,等待 1 s,等待吸盘完全放下工件,再进行工作。

6.MoveLOffs(p50,regx* 30,reg2* 30,(regz* 10)+10),v200,fine, XiFu_tool \WObj:=Maduo_wobj;

！放置好后,将机器人移至逃离点位置,保证机器人安全离开放置位置。

7.MoveJ p22, v400, z50, XiFu_tool \WObj:=Maduo_wobj;

！将机器人移至放置安全点位置。

ENDPROC

！结束放置工件程序。

PROC rArithmetic()

！算法程序。

1.regx: = regx + 1;

！搬完一次工件后,对 regx 加 1,从而在吸取或放置程序中计算机器人在 X 轴的偏移量。

```
2.reg1 : = reg1 + 1 ;
```
! 计算搬运次数。
```
3.IF   regx > 1THEN
```
! 使用判断指令判断 regx 是否>1,若 regx>1,将执行该判断内容。
```
4.regy : = regy + 1 ;
```
! 将 regy 进行自加1,判断吸取工件时 Y 轴的偏移量。
```
5.regx : = 0 ;
```
! 将 regx 进行复位,重新记录 X 轴的偏移量。
```
6.reg2 : = reg2 + 1;
```
! 用于计算放置工件时 Y 轴的偏移量。
```
7.ELSEIF reg1 =4 OR reg1 =8   THEN;
```
! 如果 reg1 等于4或等于8时,将执行该判断内容。
```
8.regz : = regz + 1;
```
! regz 进行加1,判断放置工件时 Z 轴的偏移量。
```
9.reg2 : = 0;
```
! 将 reg2 进行复位,重新记录放置时 Y 轴的偏移量。
```
10.ENDIF
```
! 结束判断指令。
```
ENDPROC
```
! 结束运算程序。

任务实施

步骤	说明	图　示
1	配置 I/O 信号,输出信号"do1"	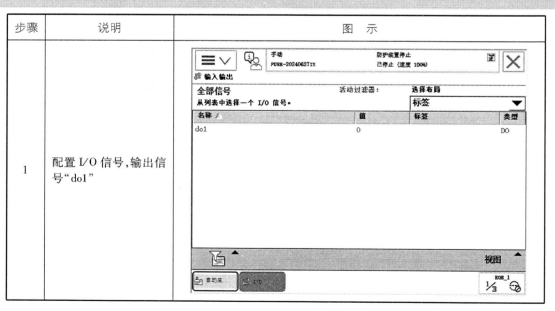

续表

步骤	说明	图　示
2	新建数值储存器:reg1、reg2、regx、regy、regz	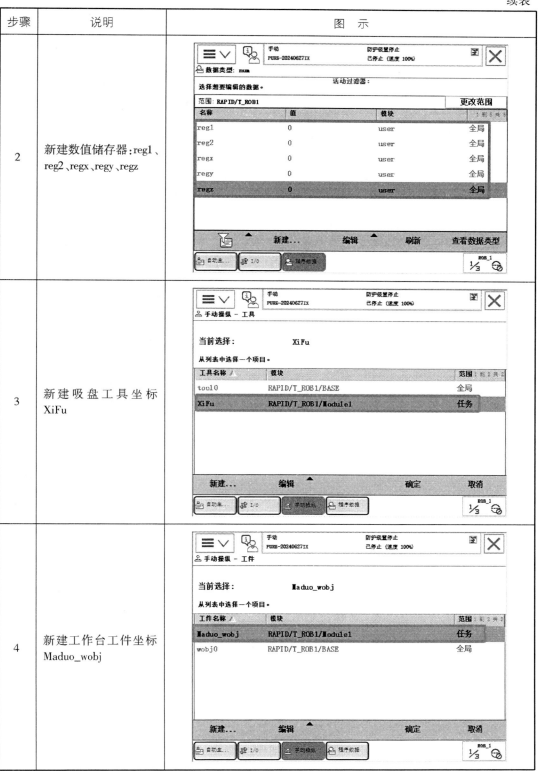
3	新建吸盘工具坐标 XiFu	
4	新建工作台工件坐标 Maduo_wobj	

续表

步骤	说明	图　示
5	新建主程序 main	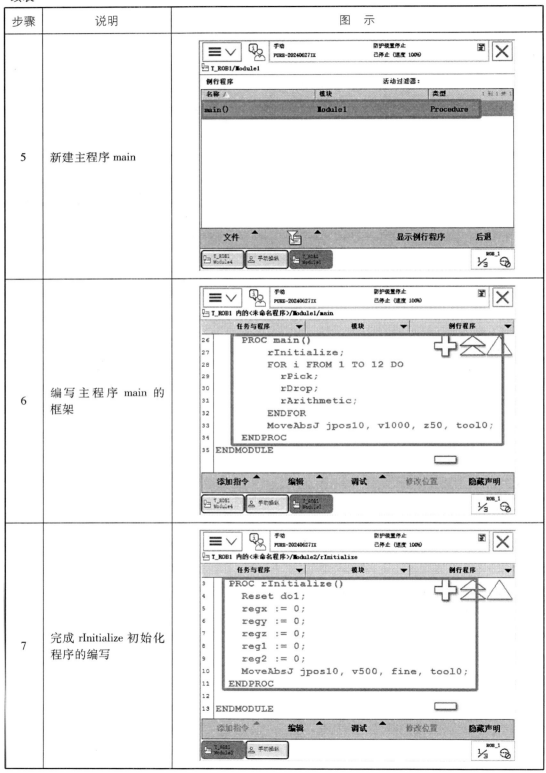
6	编写主程序 main 的框架	
7	完成 rInitialize 初始化程序的编写	

步骤	说明	图　示
8	完成 rPick 吸取路径程序的编写	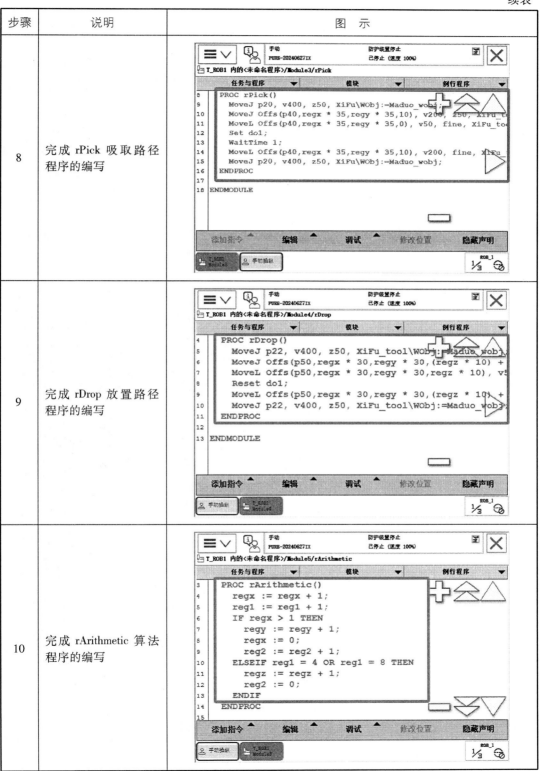
9	完成 rDrop 放置路径程序的编写	
10	完成 rArithmetic 算法程序的编写	

续表

步骤	说明	图　示
11	点击"pp 移至 Main"	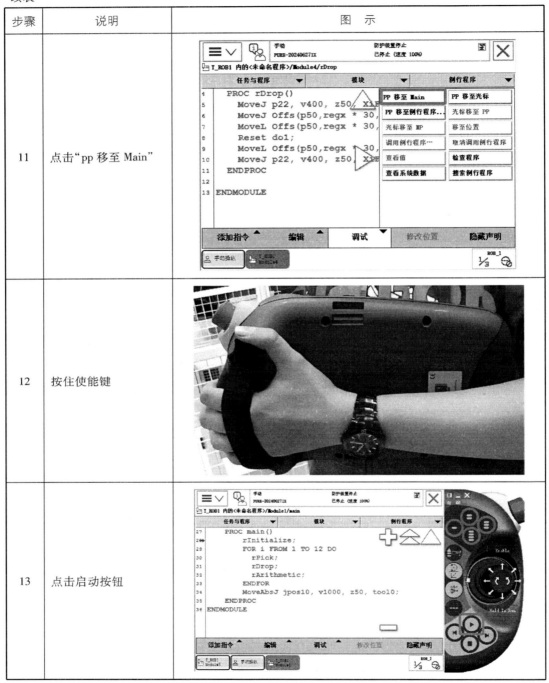
12	按住使能键	
13	点击启动按钮	

总结思考

1. 如何给变量赋值?

2. For 语句与 While 语句的主要区别是什么?

项目五

工业机器人日常维护与故障预防

📖 学习目标

知识目标

- 了解工业机器人电池的作用。
- 了解转数计数器更新的必要性及需要更新的情况。
- 掌握工业机器人备份与恢复方法。

技能目标

- 能够更换工业机器人本体电池。
- 能够更新转数计数器。
- 能够完成工业机器人的备份与恢复。

思政目标

- 培养学生的劳动意识,理解劳动的重要性和价值,树立正确的劳动观念。
- 通过工业机器人日常维护的学习与实践,使学生深刻理解到任何细微的维护环节都直接关系到生产安全、设备寿命及产品质量,从而树立高度的责任心和安全意识,形成"安全为先,质量至上"的职业理念。
- 面对维护过程中可能遇到的新问题、新挑战,鼓励学生不惧困难,勇于探索,利用所学知识创造性地提出解决方案。通过实践,培养学生的创新思维和独立解决问题的能力,为未来的职业发展奠定坚实基础。

任务一 工业机器人控制器电池更换

任务描述

在企业自动化生产线上,工业机器人作为关键设备,其稳定、可靠的运行对于保证生产效率和质量至关重要。工业机器人控制器作为机器人的"大脑",其内部电池用于存储重要参数和程序,确保在断电情况下也能保持数据的完整性。随着电池使用寿命的到期,为确保工业机器人的持续稳定运行,需进行控制器电池的更换。ABB 机器人的关节轴转数数据被妥善存储于串行测量板(SMB)之中。在机器人处于通电态时,SMB 的主电源直接供电以确保数据的连续性和可访问性。然而,一旦机器人电源被切断,SMB 随即转为依赖其内置的备用电池进行供电。值得注意的是,若 SMB 因电池电量耗尽而失去电力供应,工业机器人的转数数据将面临丢失的风险,这将对机器人的精准定位与操作造成不利影响。通常,机器人系统会有电池电量低的报警提示。此外,也可以通过测量电池的电压来判断其是否需要更换。具体方法是在关闭电源的情况下,使用电压表测量电池的电压,并与标准值进行对比。如果电压低于最小电压值,则需要更换电池。在电池电量耗尽之前,需要及时为工业机器人更换电池。

任务实施

步骤	说明	图 示
1	关闭机器人系统,断开主电源	
2	断开主电源后,用内六角扳手拧下后盖螺钉,如图所示	

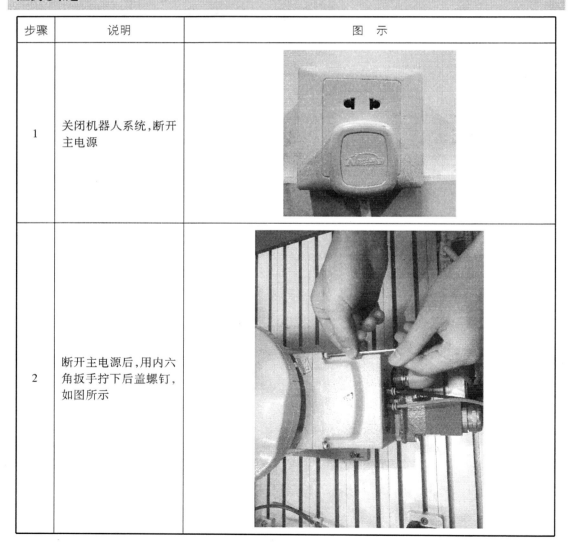

步骤	说明	图　示
3	用一字螺丝刀拧下图示航空插头连接螺钉，将插头慢慢拔出	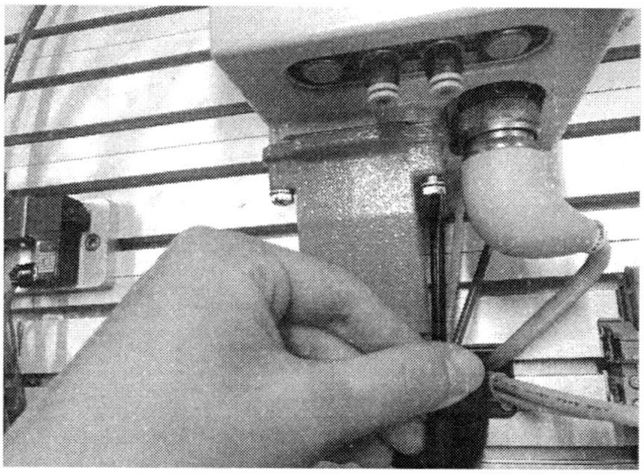
4	将图示插头向机器人方向按压（左手），同时旋转螺口（右手），如图所示，将插头拔出	
5	慢慢将接线盒外盖拉出，如图所示	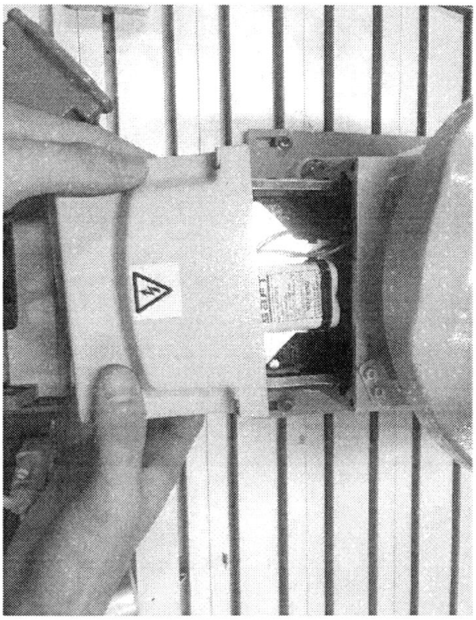

续表

步骤	说明	图 示
6	找到需要更换的电池，先松开扎带	
7	断开电池与串行测量板的连接，如图所示	
8	将新电池连接到串行测量板，用扎带固定电池，如图所示	

续表

步骤	说明	图　示
9	更换好电池后,先安装后盖,之后将插头插回原处,紧固螺钉,如图所示	

总结思考

1. 如何判断工业机器人电池是否需要更换?
2. 工业机器人电池的主要作用是什么?
3. 为什么需要在电池电量即将耗尽前更换电池?

任务二　工业机器人转数计数器校准与更新

任务描述

在自动化生产环境中,工业机器人的精准运动控制是实现高效、高质量生产的关键。转数计数器作为工业机器人关节位置反馈的重要部件,其准确性和稳定性直接影响到机器人的运动精度和重复定位能力。随着生产周期的增长,转数计数器可能会因环境因素、机械磨损等原因产生偏差,从而影响机器人的运行效果。因此,定期对工业机器人转数计数器进行校准与更新,是确保生产效率和产品质量的重要措施。

机器人在出厂之际,会经历严格的仪器测试流程,以确定其标准零位。在此状态下,各轴精确对齐至预设的标记刻度线,此零位置经由精密仪器校准后,系统随即对电机转数进行清零操作。机器人本体上所附的标签,则详细记录了此时各轴单圈编码器所反馈的精确数值,如图 5-1 所示,这些数值构成了机器人位置认知的基础框架。

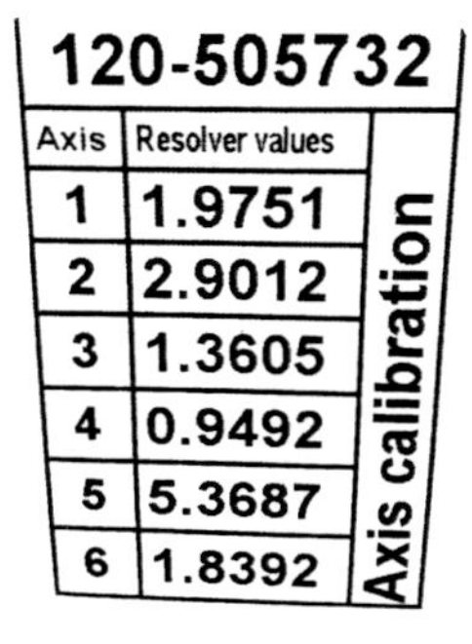

随着机器人各轴的旋转运动,系统自零点位置起持续追踪并记录转数变化,从而确保机器人能够实时感知并定位自身在空间中的确切位置。只要编码器与电机、电机与机械本体之间保持稳固连接,且机械相对位置关系恒定不变,则零位处的编码器反馈值(图 5-1)将维持恒定。

若因人为误操作导致上述标签数值被篡改,可通过手动方式将正确的标签值重新输入机

120-505732	
Axis	Resolver values
1	1.9751
2	2.9012
3	1.3605
4	0.9492
5	5.3687
6	1.8392

Axis calibration

图 5-1　编码器的反馈值

器人系统,并执行重启操作,以恢复机器人的绝对零位准确性。此过程的前提是电机及机械结构未经历拆装变动。

知识准备

回顾前文所述,我们了解到在机器人断电状态下,串行测量板(SMB)依赖内置电池供电以维持转数数据的存储。一旦电池电量耗尽,将导致转数数据丢失,机器人开机时将报告"转数计数器未更新"的错误信息。此时,需执行转数计数器的更新操作以恢复机器人正常功能。

在机器人使用过程中,若遭遇下列特定情况时,需要更新转数计数器。

①当系统报警提示"10036 转数计数器更新"时。

②当转数计数器发生故障,修复后。

③在转数计数器与测量板之间断开之后。

④在断电状态下,机器人关节轴发生移动。

⑤在更换转数计数器电池之后。

任务实施

一、工业机器人六轴回机械零点

步骤	说明	图 示
1	手动操纵下,选择关节运动"轴 4-6",如图所示	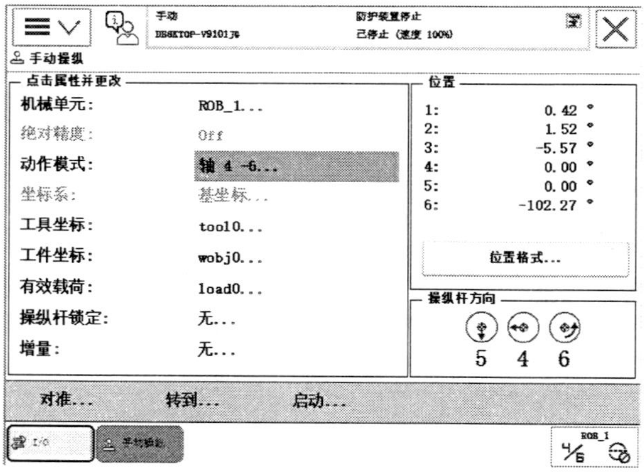
2	将关节轴 4 转到其机械零点位置,如图所示(与两颗螺钉的中心连线对齐)	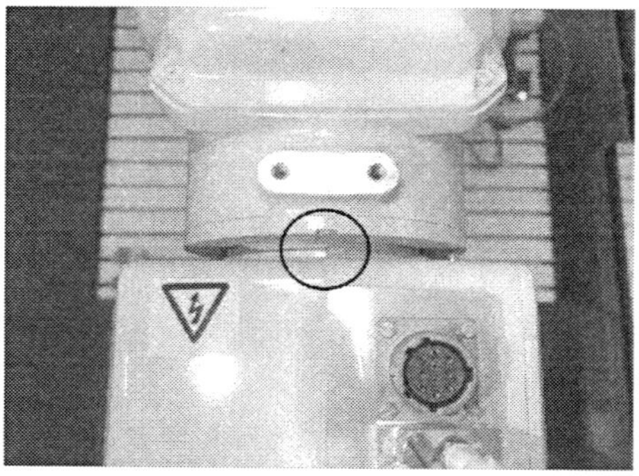

续表

步骤	说明	图　示
3	将关节轴 5 转到其机械零点位置,如图所示	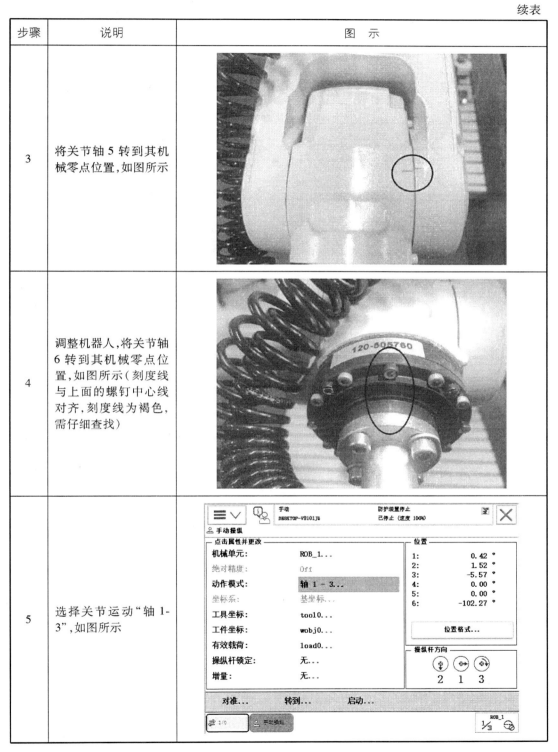
4	调整机器人,将关节轴 6 转到其机械零点位置,如图所示(刻度线与上面的螺钉中心线对齐,刻度线为褐色,需仔细查找)	
5	选择关节运动"轴 1-3",如图所示	

续表

步骤	说明	图　示
6	将关节轴 3 转到其机械零点位置,如图所示	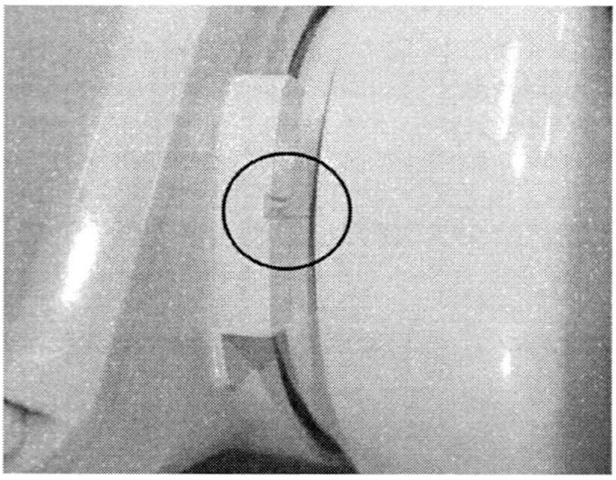
7	将关节轴 2 转到其机械零点位置,如图所示	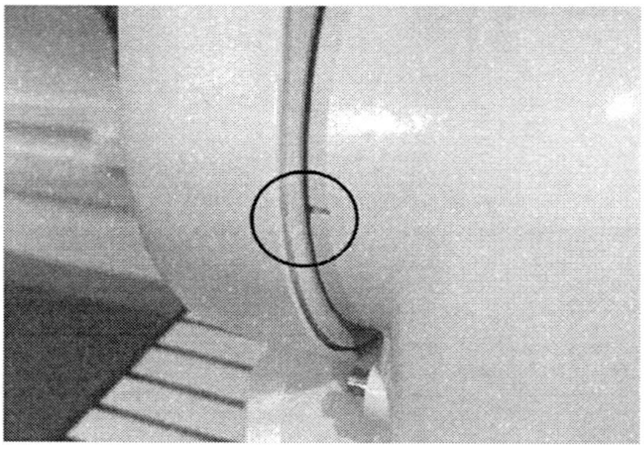
8	将关节轴 1 转到其机械零点位置,如图所示	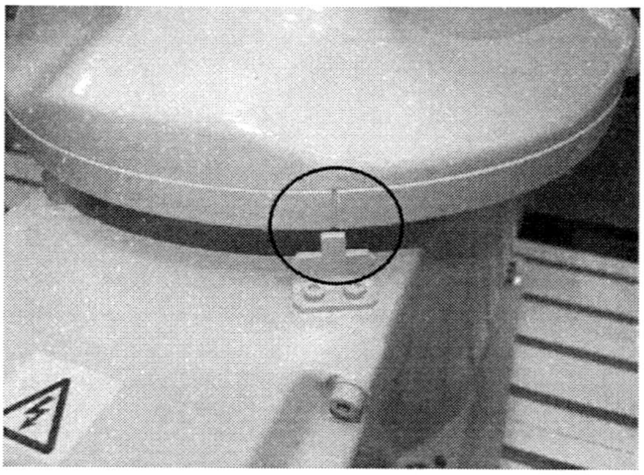

二、转数计数器更新

步骤	说明	图　　示
1	将机器人各关节轴调整至机械零点后,点击进入"主菜单",如图所示	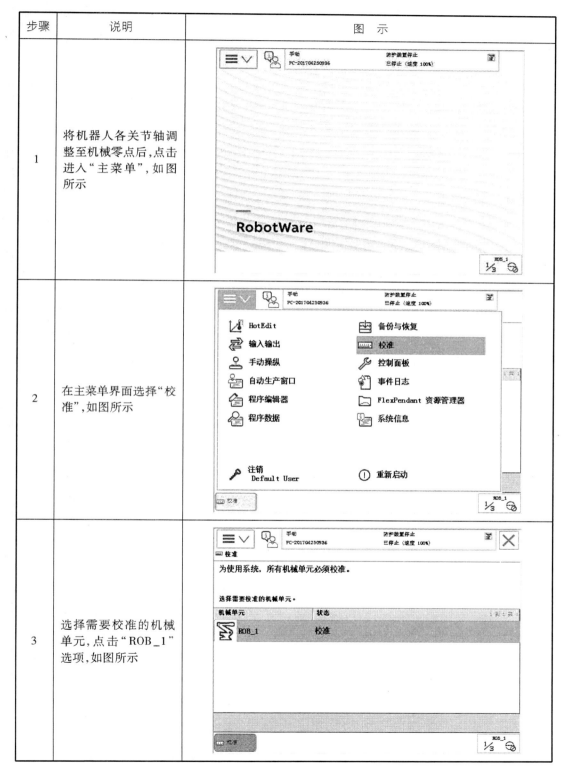
2	在主菜单界面选择"校准",如图所示	
3	选择需要校准的机械单元,点击"ROB_1"选项,如图所示	

续表

步骤	说明	图　示
4	按照图示，选择"校准参数"	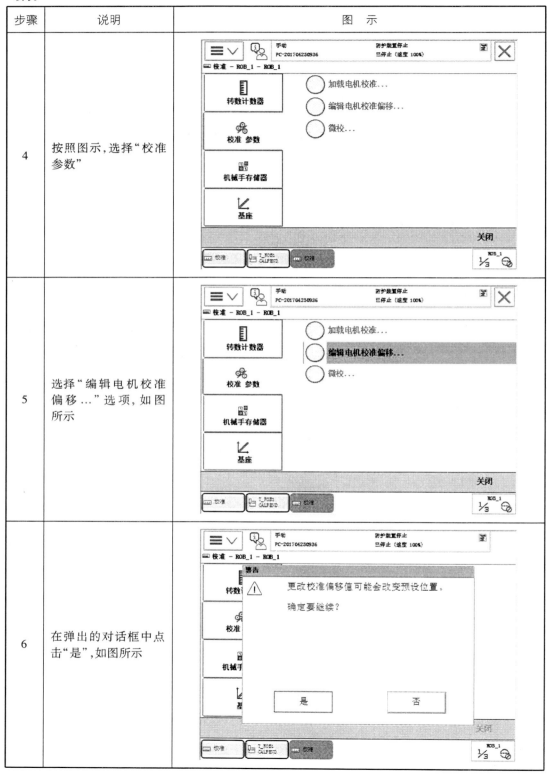
5	选择"编辑电机校准偏移…"选项，如图所示	
6	在弹出的对话框中点击"是"，如图所示	

续表

步骤	说明	图示
7	在弹出的界面,对6个轴的偏移值进行修改,如图所示(一般情况下偏移值不会改变)	手动 PC-20170425093 防护装置停止 已停止(速度 100%) 校准 – ROB_1 – ROB_1 – 校准 参数 编辑电机校准偏移 机械单元:　　　　　ROB_1 输入 0 至 6.283 范围内的值,并点击"确定"。 电机名称　　偏移值　　有效 rob1_1　　0.000000　　是 rob1_2　　0.000000　　是 rob1_3　　0.000000　　是 rob1_4　　0.000000　　是 rob1_5　　0.000000　　是 rob1_6　　0.000000　　是 7 8 9 ← 4 5 6 → 1 2 3 ⌫ 0 .　确定　取消 重置　　确定　取消 校准　T_ROB1 CALPEND 校准　1/3
8	参照机器人本体上电机校准偏移值数据,对校准偏移值进行修改	**120-505732** Axis | Resolver values 1 | 1.9751 2 | 2.9012 3 | 1.3605 4 | 0.9492 5 | 5.3687 6 | 1.8392 Axis calibration
9	根据图示,在电机校准偏移界面,点击对应轴的偏移值,输入机器人本体上的电动机校准偏移值数据,然后点击"确定",依次输入6个数后点击下面的"确定"(如果示教器中的电机校准偏移值与机器人本体上的标签数值一致,则不需要进行修改,直接点击"取消",跳到步骤12)	手动 PC-201704250936 防护装置停止 已停止(速度 100%) 校准 – ROB_1 – ROB_1 – 校准 参数 编辑电机校准偏移 机械单元:　　　　　ROB_1 输入 0 至 6.283 范围内的值,并点击"确定"。 电机名称　　偏移值　　有效 rob1_1　　1.9751　　是 rob1_2　　0.000000　　是 rob1_3　　0.000000　　是 rob1_4　　0.000000　　是 rob1_5　　0.000000　　是 rob1_6　　0.000000　　是 7 8 9 ← 4 5 6 → 1 2 3 ⌫ 0 .　确定　取消 重置　　确定　取消 自动生... 校准 T_ROB1 CALPEND 校准　1/3

续表

步骤	说明	图 示
10	在弹出的对话框中点击"是",完成控制器重启,如图所示	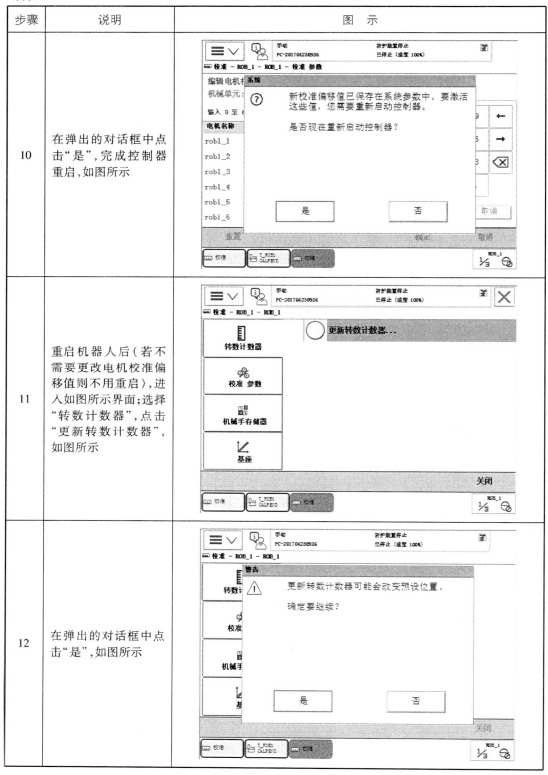
11	重启机器人后(若不需要更改电机校准偏移值则不用重启),进入如图所示界面;选择"转数计数器",点击"更新转数计数器",如图所示	
12	在弹出的对话框中点击"是",如图所示	

续表

步骤	说明	图　示
13	选择机械单元,点击图示右下角的"确定"	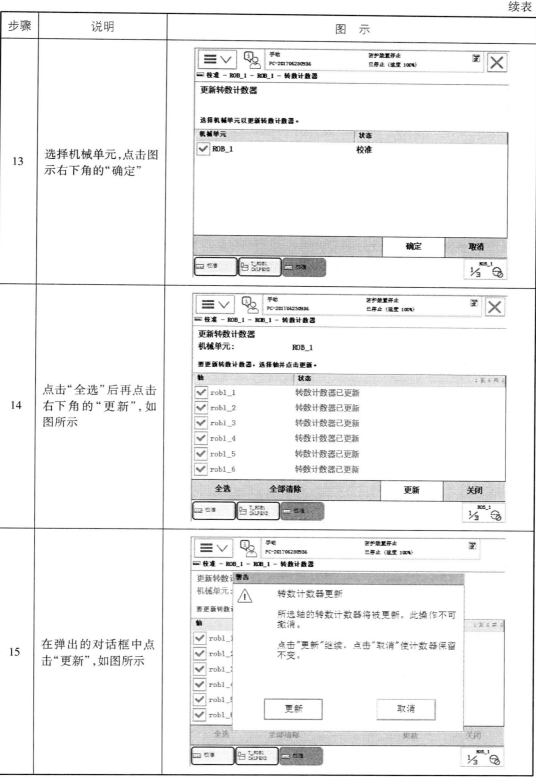
14	点击"全选"后再点击右下角的"更新",如图所示	
15	在弹出的对话框中点击"更新",如图所示	

续表

步骤	说明	图　示
16	当显示"转数计数器更新已完成"时,点击"确定",完成转数计数器的更新	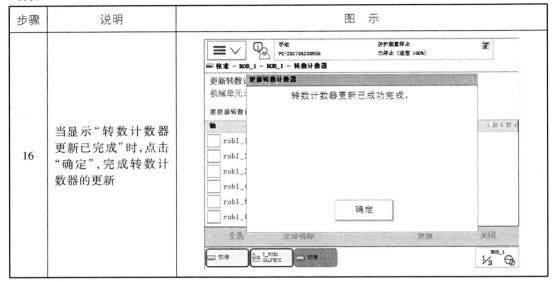

总结思考

1. 在什么情况下需要进行转数计数器的更新操作?
2. 转数计数器未更新的报警提示序号是多少?
3. 转数计数器未更新会导致什么后果?

任务三　工业机器人备份与恢复

任务描述

在企业的自动化生产过程中,工业机器人扮演着至关重要的角色。为了保障生产线的连续性和稳定性,定期对工业机器人的程序、配置及数据进行备份,并在必要时进行恢复,是确保生产不受意外影响的重要措施。本任务旨在规范工业机器人备份与恢复的流程,确保关键数据的安全性和可恢复性。

定期对工业机器人系统进行备份可以确保在系统出现故障、软件升级或替换等情况下,能够迅速恢复系统到之前的状态,减少生产中断和损失。工业机器人系统备份通常包含所有存储在 Home 目录下的文件和文件夹、系统参数(如 I/O 信号的命名),以及一些系统信息。

工业机器人程序是控制机器人执行任务的核心,对其进行备份可以防止程序丢失或损坏,确保生产的连续性和稳定性。ABB 机器人程序备份的对象为所有正在系统内存运行的RAPID 程序和系统参数。当机器人系统出现错乱或重新安装新系统后,可以通过备份快速地把机器人恢复到备份时的状态。

知识准备

系统备份：在新设备到位后可备份；程序员调试完成并且试运行成功后可备份；系统重装前可备份。

程序备份：程序修改前需要备份；程序修改后需要备份。

任务实施

一、工业机器人系统备份

步骤	说明	图　示
1	进入主界面，点击"备份与恢复"	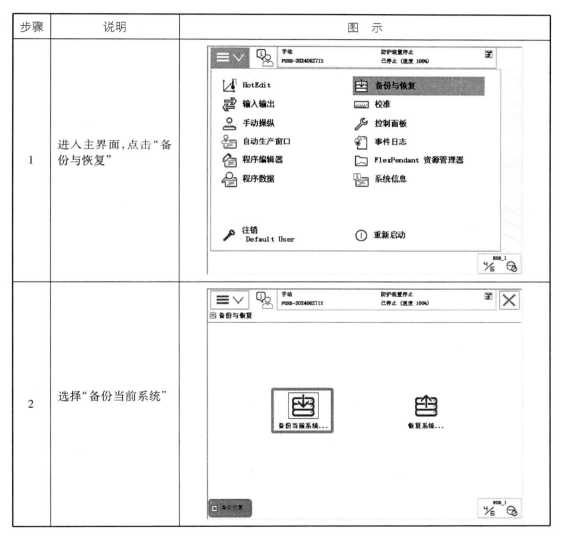
2	选择"备份当前系统"	

续表

步骤	说明	图　示
3	更改备份文件名称,点击"ABC…"	
4	更改好名称后,点击"确定"	
5	选择备份路径,点击"…"	

续表

步骤	说明	图　示
6	点击 **[1]**,选择要备份的位置	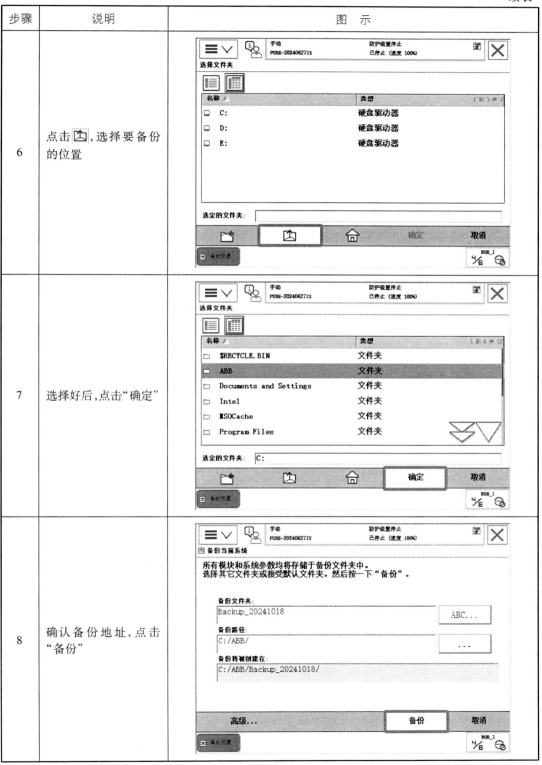
7	选择好后,点击"确定"	
8	确认备份地址,点击"备份"	

续表

步骤	说明	图 示
9	进入主菜单，选择"FlexPendant 资源管理器"	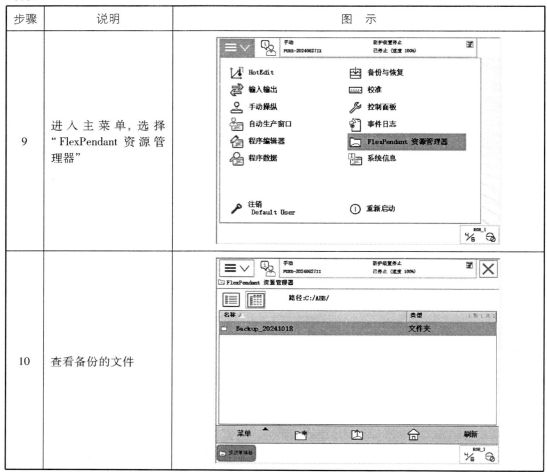
10	查看备份的文件	

二、工业机器人系统恢复

步骤	说明	图 示
1	进入主界面，选择"备份与恢复"	

续表

步骤	说明	图　示
2	点击"恢复系统"	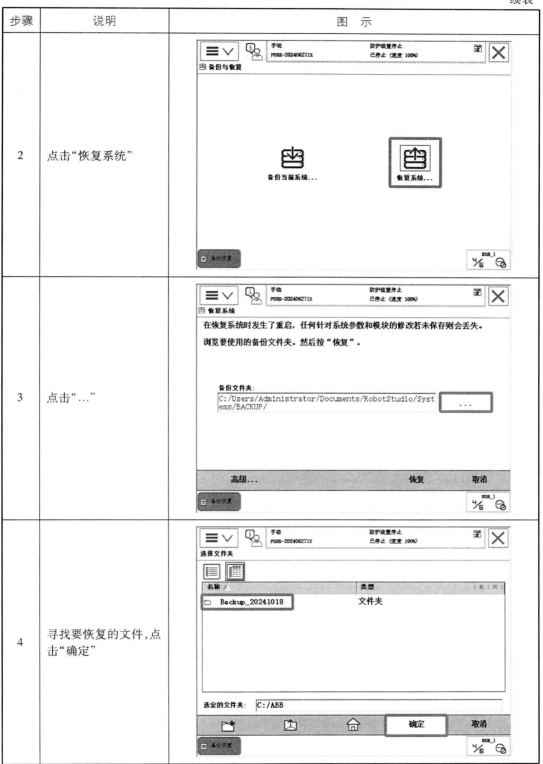
3	点击"…"	
4	寻找要恢复的文件，点击"确定"	

续表

步骤	说明	图示
5	确认恢复文件,点击"恢复"	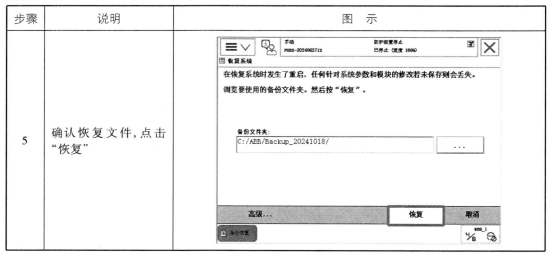

三、工业机器人程序备份

步骤	说明	图示
1	点击"程序编辑器"	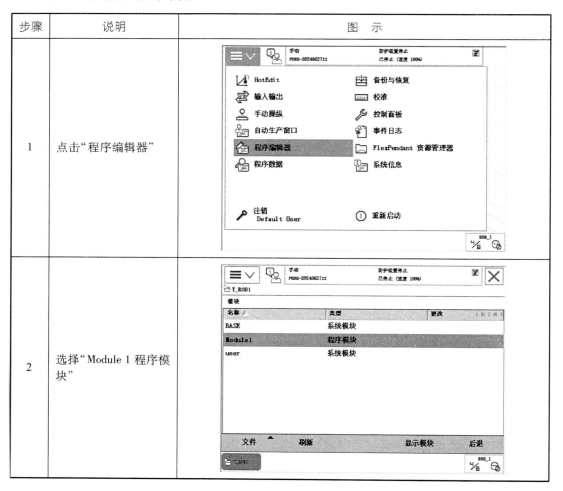
2	选择"Module 1 程序模块"	

续表

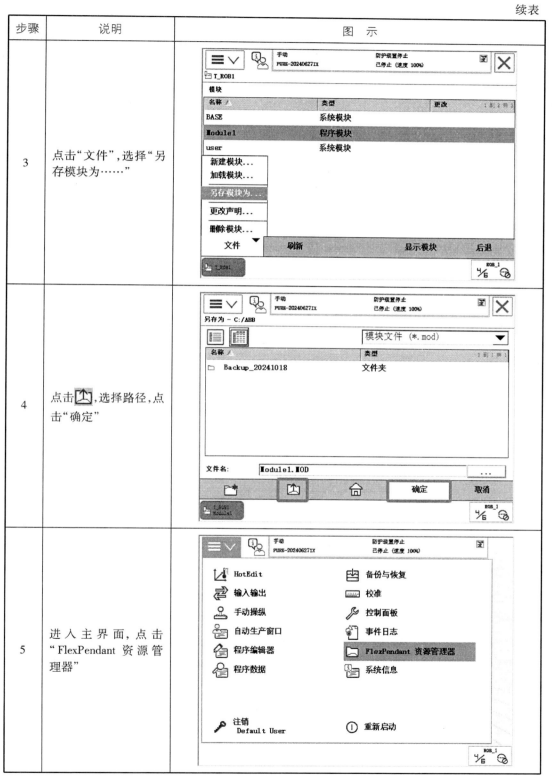

步骤	说明	图　示
3	点击"文件",选择"另存模块为……"	
4	点击，选择路径,点击"确定"	
5	进入主界面,点击"FlexPendant 资源管理器"	

续表

步骤	说明	图　示
6	查看备份的文件	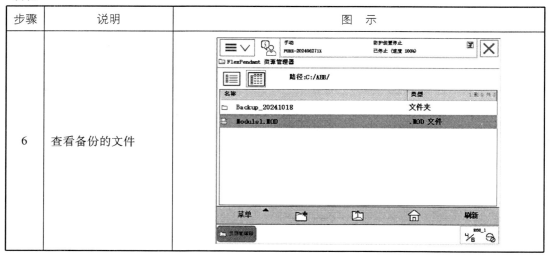

四、工业机器人程序恢复

步骤	说明	图　示
1	进入主界面,点击"程序编辑器"	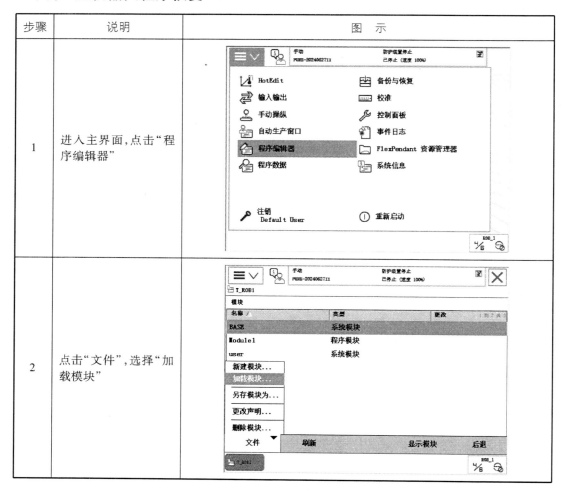
2	点击"文件",选择"加载模块"	

步骤	说明	图　示
3	点击"是"	
4	点击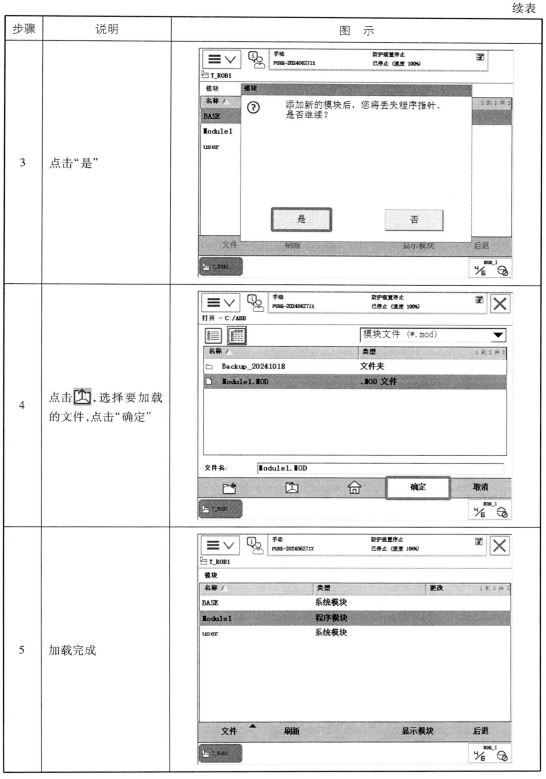，选择要加载的文件，点击"确定"	
5	加载完成	

总结思考

1. 为什么需要定期对工业机器人系统进行备份?
2. 在进行工业机器人系统备份时,需要包含哪些内容?
3. 为什么需要对工业机器人程序进行备份?
4. 工业机器人程序备份的对象通常包括哪些?

项目六

综合应用

📖 学习目标

知识目标

- 掌握工业机器人的搬运编程
- 掌握 I/O 接口的配置
- 掌握搬运任务的程序结构构建方法
- 掌握搬运工业机器人机械系统维护的基本流程和方法
- 熟悉搬运工业机器人电气系统维护的关键点

技能目标

- 能够根据搬运任务要求进行 I/O 规划，制定 I/O 表
- 能够按照 I/O 表检查设备 DSQC652 I/O 板的接线情况，测试信号通断
- 能够编写工业机器人工件的搬运程序
- 能够验证与优化搬运程序
- 能够快速创建和定义工件坐标系，以及示教目标点
- 熟练操作搬运工业机器人手动或自动运行程序，并备份轨迹描绘程序

思政目标

- 引导学生认识工业机器人技术对社会发展的重要作用，激发他们为社会发展作出贡献的使命感。
- 引导学生具有安全意识，遵循安全操作规程。
- 引导学生具有诚实守信、勤勉尽责的职业态度。
- 培养学生的环保意识，关注工业机器人运行与维护过程中的环保问题。

任务一　　工业机器人搬运工作站编程与调试

任务描述

为优化搬运流程,需要你对搬运生产线上的工业机器人进行编程与调试,搬运工件尺寸为 70 mm×50 mm×20mm,两个工件放置中心点距离是 80mm,设备情况如图 6-1 所示,完成调试后,工业机器人需要达到以下工作要求:传送带传送工件至取料点,取料点识别到工件后发送信号给机器人吸取工件,依次将两个工件放置到两个不同的放料点;设备运行过程中取料点 30 s 内无识别到工件,向外界报警,并在示教器屏幕展示信息"No material, please check the incoming materials!";放料点放满 2 个工件时,机器人停止工作;机器人停止工作后,向外界报警,并在示教器屏幕展示信息"Deposit point is full,please empty!"。

图 6-1　　工件搬运工作站

知识准备

一、清屏指令与写屏指令

1. TPWrite 概述

写屏指令,用于在示教器操作界面上写信息。

2. TPWrite 的应用

TPErase:清屏指令,清除示教器操作界面上的信息。

TPWrite "abb":写屏指令,"abb"为显示内容。

3. 使用建议

写屏指令搭配清屏指令使用即可在写屏指令作用前把示教器操作界面上的其他信息清除掉,防止信息混乱。

二、I/O 配置信息

I/O 单元配置表见表 6-1,I/O 信号配置表见表 6-2。

表6-1　I/O 单元配置表

I/O 板地址命名	I/O 板名称	现场总线连接方式	I/O 板地址
Board10	DSQC652	DeviceNet1	10

表6-2　I/O 信号配置表

输入信号(di)名称	XP12 对应编号	地址分配	控制说明
di1_arrive	1	0	工件到达取料点
di2_realignment	2	1	复位按钮(点动按钮)
输出信号(do)名称	XP14 对应编号	地址分配	控制说明
do1_imbibition	1	0	控制吸盘吸取及放下
do2_buzzer	2	1	控制蜂鸣器

三、搬运程序结构构建

1. 程序结构

工件搬运程序是由示教程序(teach)、主程序(Main)、自检程序(Self inspection)、初始化程序(Initializer)、吸取程序(draw)及放置程序(place)构建而成。

示教程序(teach):主要是操作员手动移动机器人末端执行器来定义其运动位置和姿态,在这个过程中,机器人系统会记录下操作员所指定的所有位置数据,包括每个位置的具体坐标和末端执行器的姿态信息。这些位置数据随后可以在机器人编程时被直接调用,用于指导机器人在自动模式下精确地重复执行相同的运动路径和姿态。通过示教程序,操作员可以高效地创建和修改机器人的运动轨迹,而无须在编程过程中一个一个点位进行示教。

主程序(Main):是负责控制机器人运动、管理任务和监视状态的关键程序,它通过集成这些功能确保机器人能够高效、安全地完成各项复杂的生产任务。

自检程序(Self inspection):对上一次的运行状态进行检查,确定放料区无工件。

初始化程序(Initializer):是将程序中的 I/O 信号、程序变量、home 点等进行初始化复位。

吸取程序(draw):检测取料点有工件时,对工件进行吸取。

放置程序(place):对工件进行放置。

2. 工件搬运编程思路

工件搬运路径规划选点详解见表6-3。

表6-3　工件搬运路径规划选点详解

位置代号	机器人位置	选取要求
jpos10	原点位置	机器人不工作时的安全位置
p20	安全点位置	机器人能从运动路径各位置或者大部分位置都能相对安全到达的位置
p30	吸取途径点、吸取逃离途径点	为避开障碍物设置的机器人运动轨迹中的点

续表

位置代号	机器人位置	选取要求
p40	吸取点	任务指定取料点
p50	放置途径点、放置逃离途径点	为避开障碍物设置的机器人运动轨迹中的点
p60	放置点	任务指定放料点

工件 A：原点（jpos10）→安全点（p20）→吸取途径点（p30）→吸取接近点（基于位置点 p40，工件坐标（WObj：=xiqu_wobj）Z 轴方向偏移 35 mm）→吸取点（p40）→吸取逃离点（基于位置点 p40，工件坐标（WObj：=xiqu_wobj）Z 轴方向偏移 35 mm）→吸取逃离途径点（p30）→放置途径点（p50）→放置接近点（基于位置点 p60，工件坐标（WObj：=fangzhi_wobj）Z 轴方向偏移 35 mm）→放置点（p60）→放置逃离点（基于位置点 p60，工件坐标（WObj：=fangzhi_wobj）Z 轴方向偏移 35 mm）→放置逃离途径（p50）。

工件 B：吸取途径点（p30）→吸取接近点（基于位置点 p40，工件坐标（WObj：=xiqu_wobj）Z 轴方向偏移 35 mm）→吸取点（p40）→吸取逃离点（基于位置点 p40，工件坐标（WObj：=xiqu_wobj）Z 轴方向偏移 35 mm）→吸取逃离途径点（p30）→放置途径点（p50）→放置接近点（基于位置点 p60，工件坐标（WObj：=fangzhi_wobj）X 轴方向偏移 80 mm，Z 轴方向偏移 35 mm）→放置点（基于位置点 p60，工件坐标（WObj：=fangzhi_wobj）X 轴方向偏移 80 mm）→放置逃离点（基于位置点 p60，工件坐标（WObj：=fangzhi_wobj）X 轴方向偏移 80 mm，Z 轴方向偏移 35mm）→放置逃离途径（p50）→安全点（p20）→原点（jpos10）。

编程坐标类型详解见表 6-4，编程变量类型详解见表 6-5。

表 6-4　编程坐标类型详解

坐标类型	坐标名称
吸取位置工件坐标	WObj：=xiqu_wobj
放置位置工件坐标	WObj：=fangzhi_wobj
吸盘工具坐标	XiFu_tool1

表 6-5　编程变量类型详解

变量类型	变量	功能作用
num	regx	计算搬运次数
num	reg1	检测长时间没有工件

3. 工件搬运程序代码

```
PROC teach(示教程序)
MoveAbsJ jpos10, v500,fine, tool0;
! 原点位置示教。
MoveL p20, v200, fine, XiFu_tool1;
! 安全点位置示教。
```

```
MoveL p30, v200, fine, XiFu_tool1;
! 吸取途径点示教。
MoveL p40, v200, fine, XiFu_tool1;
! 吸取点示教。
MoveL p50, v200, fine, XiFu_tool1;
! 放置途径点。
MoveL p60, v200, fine, XiFu_tool1;
! 放置点示教。
ENDPROC
! 结束示教程序。


PROC Main(主程序)
POST;
! 调用自检程序。
initializer;
! 在运行程序之前,需要插入初始化程序,通过初始化程序将机器人开始的状态进行复位。
FOR  i  FROM  1  TO  2  DO
! 通过 FOR 指令进行循环 2 次工作,所以在循环指令中调用吸取工件程序,放置工件程序进行工作。
draw;
! 调用吸取工件子程序。
Place;
! 调用放置工件子程序。
regx : = regx+1
! regX 进行自加 1,从而将机器人往 X 方向根据具体的数据偏移到具体的位置,进行放置工件。
ENDFOR
! 当完成 2 次后,结束循环任务。
MoveL p20, v400, z50, XiFu_tool1;
! 完成放置后,将机器人移至安全位置,保证运行的过程中不发生碰撞,所以,在此使用直线运动指令
进行移动。
MoveAbsJ jpos10, v500, z50, tool1;
! 搬运工作完成后,将机器人移至原点待命,所以,在此使用绝对关节运动指令将机器人移至原点位
置进行待命,并将转弯区数据设置为 fine,准确回到原点位置进行待命。
ENDPROC
! 结束主程序。


PROC POST(自检程序)
IFregx>=1 THEN
! 利用 IF 条件判断指令,判断上一个运行的状态,当 regx 的值大于等于 1 时,说明料盘可能存在工
件,往下执行程序。
TPErase;
! 通过清屏指令,使机器人示教器屏幕显示的内容进行清空。
TPWrite "deposit point is full please empty";
```

! 通过写屏指令,使示教器屏幕显示双引号里面的内容,此提示为料盘存在工件请清空。

Set do2_buzzer;

! 置位数字 IO 信号 do2_buzzer,蜂鸣器开始报警。

WaitDI di2_realignment,1;

! 等待操作员按下复位按钮,此时 di2_realignment 置位。

ReSet do2_buzzer;

! 复位数字 IO 信号 do2_buzzer,使蜂鸣器停止声响。

WaitTiame 5;

! 等待 5 s,确定程序不会继续往下运行。

WaitDI di2_realignment,1;

! 等待操作员按下复位按钮,此时 di2_realignment 置位。

Regx:=0

! 将 Regx 清零,Regx 是记录搬运工件搬运的数量。

ENDIF

! 结束条件判断指令。

ENDPROC

! 结束自检程序。

PROCinitializer (初始化程序)

regx : = 0 ;

! 将 Regx 清零,Regx 是记录搬运工件搬运的数量。

reg1 : = 0

! 将 reg1 清零,reg1 是协助记录工件是否超出生产节拍到指定的吸取点。

Reset do1_imbibition;

! 将吸盘进行复位,使吸盘停止吸气。

MoveAbsJ jpos10, V500, fine, tool1;

! 当机器人处于安全位置的情况下,可以将机器人回到原点位置后,再进行工作,所以,在此插入绝对关节运动指令将其回到原点位置待命。

ENDPROC

! 结束初始化程序。

PROC draw(吸取工件程序)

IF di1_arrive=1 THEN

! 利用 IF 条件判断指令,判断传送带上是否有工件,当 di 的值等于 1 时,说明工件已到达,继续往下执行程序。

GOTO xiqu;

! 跳转到标签(xiqu)处。

ENDIF

! 结束条件判断指令。

WaitTiame 1;

! 等待 1 s,记录传送带上工件未到达的时间。

reg1:=reg1+1

！Reg1进行自加1,协助时间等待指令进行记录,确保每等待1 s都进行自加1。

IF reg1=60 THEN

！利用条件判断指令,当reg1等于60的时候,说明传动带上工件已经有60 s没有工件到达,程序将循环执行本次任务内容。

TPErase;

！通过清屏指令,使机器人示教器屏幕显示的内容进行清空。

TPWrite " no material please check the incoming materials ";

！通过写屏指令,使示教器屏幕显示双引号里面的内容,此提示为传送带上没有工件。

Set do2_buzzer;

！置位数字IO信号do2_buzzer,蜂鸣器开始报警,提示操作人员进行查看。

WaitDI di2_realignment,1;

！等待操作员按下复位按钮,此时di2_realignment置位。

ReSet do2_buzzer

！复位数字IO信号do2_buzzer,使蜂鸣器停止声响。

WaitTiame 5;

！等待5 s,确定程序不会继续往下运行。

WaitDI di2_realignment,1;

！等待操作员排查完问题后再次按下复位按钮,此时di2_realignment置位。

WaitDI di1_arrive,1;

！检测工件是否到达。

ENDIF

！结束条件判断指令。

ENDWHILE

！条件循环指令。

xiqu:

！添加一个标签指令"xiqu",为了配合程序作跳转。

MoveJ p20, v500, z50, XiFu_tool1 WObj:=xiqu_wobj;

！通过关节运动指令,将机器人大范围移至工作安全位置p20点,此时的速度可以加快,并将工具坐标设为夹爪坐标进行运行,保证机器人运行过程中做到安全。

MoveJ p30, v400, z50, XiFu_tool1 WObj:=xiqu_wobj;

！使用关节运动指令,进行调整吸取时的姿态,并将其移至吸取途径点位置,将其记录为p30点。

MoveJ Offs(p40,0, 0 ,35),v300, z50,XiFu_tool1 WObj:=xiqu_wobj;

！需要将机器人移至吸取接近点位置,此接近位置是基于p40点沿Z轴正方向偏移35 mm生成。

MoveL p40,v150, fine,XiFu_tool1 WObj:=xiqu_wobj;

！吸取位置p40点作为吸取工件的吸取点,对工件进行吸取。

Set do1_imbibition;

！输出do1_imbibition信号,吸盘对工件进行吸取。

WaitTime 1;

！等待1 s的时间进行缓冲,使机器人吸稳工件后开始动作。

WaitDI di1_arrive,0;

！检测传送带上工件是否被吸取,此时di1_arrive为0时工件被吸取。

```
MoveL Offs(p40,0, 0 ,35),v200,fine,XiFu_tool1 \WObj:=xiqu_wobj;
```
! 吸稳工件后,将机器人移至逃离点位置,保证机器人在搬运过程中的安全,所以在此根据每块工件位置沿 X 轴正向偏移 35 mm 作为逃离位置。
```
ENDPROC
```
! 结束吸取程序。

```
PROC Place(放置工件程序)
MoveJ p30,v400, z50, XiFu_tool1 \WObj:=xiqu_wobj;
```
! 吸取逃离途径点。
```
MoveJ p50,v400, z50, XiFu_tool1 \WObj:=fangzhi_wobj;
```
! 放置途径点。
```
MoveL Offs(P60,regx* 80,0,35),v200,fine,XiFu_tool1 \WObj:=fangzhi_wobj;
```
! 通过 Offs 偏移功能指令,以 p60 点放置点作为偏移的基础点,根据每块工件放置位置,x 轴根据搬运次数正向偏移 80mm、z 轴正向偏移 35 mm 的高度作为接近位置点。
```
MoveL Offs(p60, regx* 80,0,0), v50, fine, XiFu_tool1 \WObj:=fangzhi_wobj;
```
! 通过 offs 偏移功能以及运算将计算出每块工件的放置位置,使机器人根据具体的数值往 X 轴正方向进行偏移并准确到达放置位置。
```
Reset do1_imbibition;
```
! 复位吸取信号 do1_imbibition,放置工件。
```
WaitTime 1;
```
! 等待 1 s 的时间进行缓冲,使机器人放稳工件后开始动作。
```
MoveL Offs(p60, regx* 80,0,35),v200,fine, XiFu_tool1 \WObj:=fangzhi_wobj;
```
! 放置好后,将机器人移至放置逃离点位置,保证机器人安全离开放置工件位置。
```
MoveJ p50,v400, z50,XiFu_tool1 \WObj:=fangzhi_wobj;
```
! 放置逃离途径点。
```
ENDPROC
```
! 结束放置工件程序。

任务实施

一、I/O 配置信息核查

步骤	说明	图　示
1	I/O 通信板接线现场情况确认	

步骤	说明	图　示
2	I/O 单元配置现场情况确认	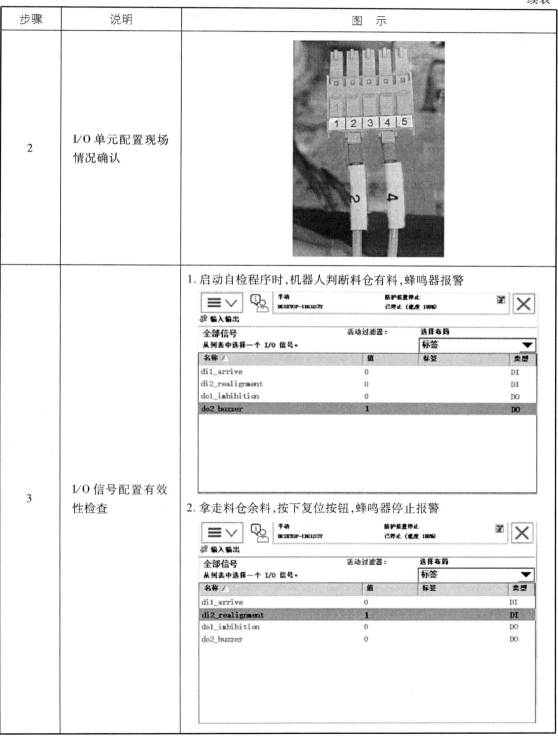
3	I/O 信号配置有效性检查	1. 启动自检程序时,机器人判断料仓有料,蜂鸣器报警 2. 拿走料仓余料,按下复位按钮,蜂鸣器停止报警

续表

步骤	说明	图　示
3	I/O 信号配置有效性检查	3. 当工件到达取料点时,机器人收到信号 4. 机器人控制吸盘开始吸取工件 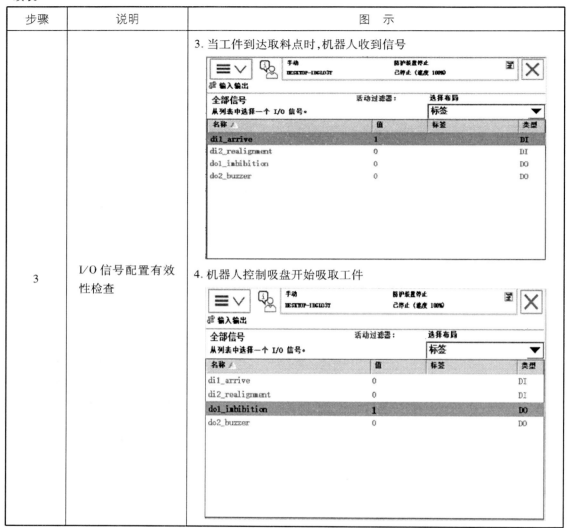

二、工件搬运任务实操

步骤	说明	图　示
1	工件 A、B 搬运路径规划	

步骤	说明	图 示
2	工业机器人编程	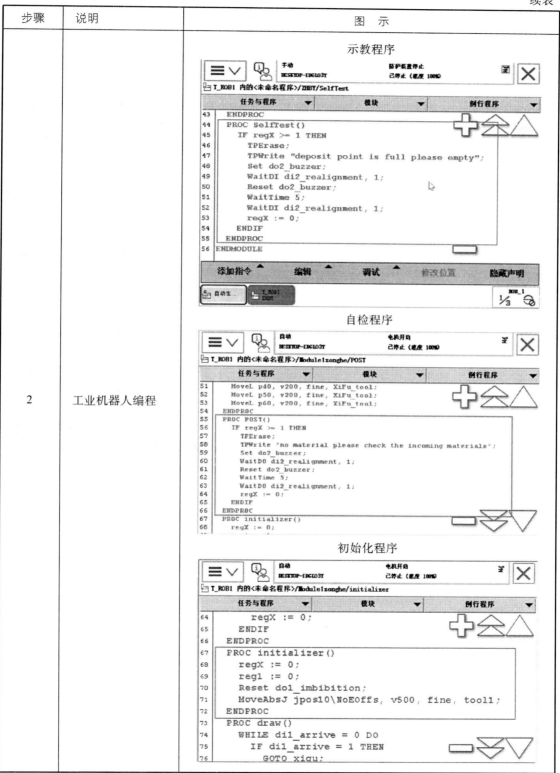

续表

步骤	说明	图　示
2	工业机器人编程	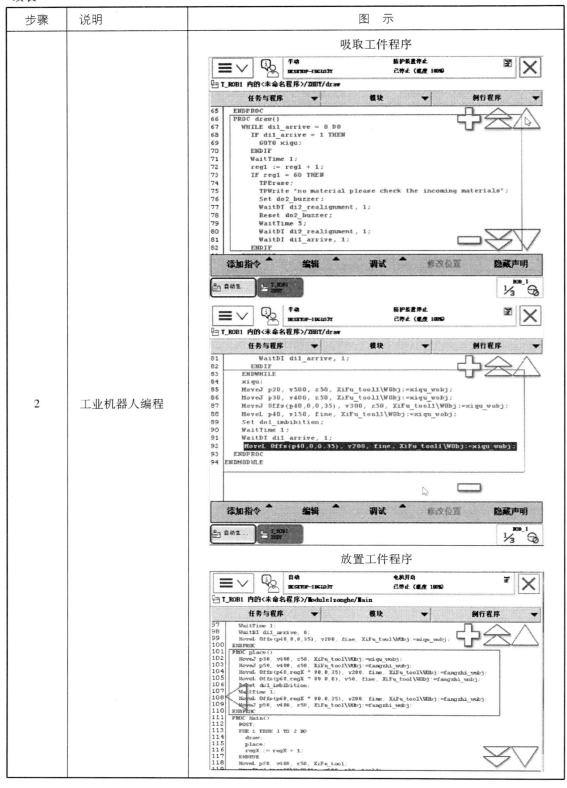

续表

步骤	说明	图　示
2	工业机器人编程	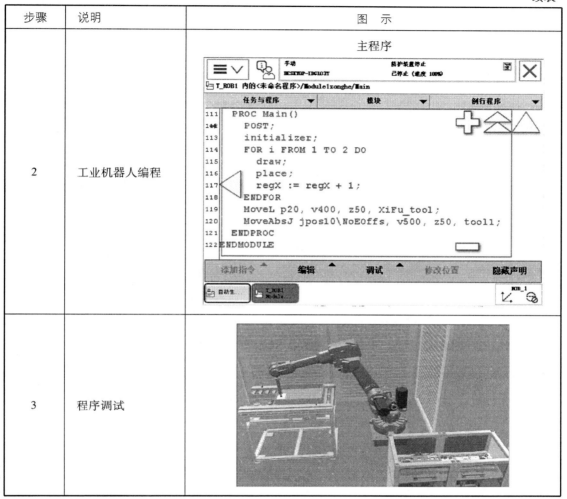
3	程序调试	

任务二　工业机器人搬运工作站运行与维护

任务描述

　　在企业生产过程中,为提升物料搬运的效率和准确性,特设立工业机器人搬运工作站。该工作站由工业机器人、物料传送系统、控制系统及安全装置等组成,旨在实现物料从生产线一端到另一端的自动化搬运。本任务旨在确保工业机器人搬运工作站的高效、稳定运行,并对其进行必要的维护与保养。根据机器人维保计划,要求设备管理员对工业机器人搬运工作站进行机械系统维护、电气系统维护、运行情况检查,以确保其能够继续稳定、安全地运行。

知识准备

一、工业机器人搬运工作站基本结构

工业机器人搬运工作站如图6-2所示。

图6-2　工业机器人搬运工作站

二、工业机器人搬运工作站运行维护流程

工业机器人搬运工作站运行维护流程说明见表6-6。

表6-6　工业机器人搬运工作站运行维护流程说明

流程序号	流程名称	流程说明
1	工业机器人搬运工作站运行维护前的准备	了解搬运工业机器人工作站的基本结构和功能,按照工具清单准备所需工具和设备,穿戴防护设备,遵循安全检查流程,确保工作区域安全
2	工业机器人机械系统维护	关闭机器人电源,确保机器人处于安全状态;检查机器人本体安装位置和紧固状态,如有松动,正确选用工具,规范操作、拧紧松动的螺钉;检查工业机器人本体上的安全标识信息标签并进行记录;完成搬运模块的位置安装及固定,要求模块安装牢固可靠,并记录安装尺寸;检查真空夹爪气动系统的连接与密封状况是否良好,将密封不好的气管进行更换,调节工作站气压至指定气压(0.4~0.8 MPa)
3	工业机器人电气系统维护	检查急停控制功能,逐一操作工作站设备急停按钮,确认急停功能是否正常,对于出现急停功能失效的急停回路进行检修,解除示教器上的急停报警信息,并记录故障原因;检查物料检测传感器,检查传感器的安装位置和灵敏度,确保其能够准确检测物料;正确选用工具检查接地保护系统,检查控制柜的接地保护系统,确保安全接地

流程序号	流程名称	流程说明
4	工业机器人运行检查	调用系统备份文件进行系统恢复;创建并定义工件坐标系,工件坐标系名称应与轨迹描绘程序 R_track( )里的工件坐标系名称相同;打开示教器里名称为 R_track( )的轨迹描绘程序,示教轨迹描绘程序里各目标点位置;分别手动调试并连续自动运行轨迹描绘程序,机器人运行速度倍率为70%;将轨迹描绘程序备份在 U 盘里
5	工业机器人运行与维护工作现场整理	安全文明操作,按照实训室管理规定清洁整理示教器及电缆,清理清洁工业机器人工位及环境卫生;检查搬运工业机器人运行维护过程性资料是否完整,并按照规定归档

三、工业机器人搬运工作站运行与维护工具清单

搬运工作站运行与维护工具清单见表6-7。

表 6-7 搬运工作站运行与维护工具清单

序号	工具	图 示	说明
1	螺丝刀(多种型号)		用于拆装
2	扳手		用于紧固螺栓

续表

序号	工具	图　示	说明
3	万用表	LCD显示屏　电源开关/自动关机　功能选择/数据保持　量程旋钮　2A-20A电流测试插孔　电压电阻电容等插孔　200mA电流插孔　公共端插孔	用于电气测试
4	电气胶带		用于电气连接点的保护和修复
5	安全帽、安全鞋、手套等个人防护装备		用于安全防护
6	清洁工具		如扫帚、拖把、抹布等

序号	工具	图 示	说明
7	工具箱		用于存放和整理工具

四、工业机器人搬运工作站运行与维护前安全检查流程

工业机器人搬运工作站运行与维护前安全检查流程见表6-8。

表6-8 工业机器人搬运工作站运行与维护前安全检查流程详解

序号	安全检查流程名称	主要工作内容
1	明确工作区域	首先,明确界定工作区域的范围,确保所有相关人员都清楚了解哪些区域是禁止进入的,哪些区域是安全操作区域
2	检查地面	确保工作区域地面平整,无障碍物,无油污或水渍等可能导致滑倒或跌倒的隐患
3	检查机器人周围环境	检查机器人周围是否有其他设备、工具或材料可能妨碍机器人运行或导致碰撞
4	检查安全设施	检查急停按钮是否完好且易于触及;检查安全围栏是否完好,没有损坏或缺失,且安装牢固;检查警示灯、警示标识等是否清晰可见,没有损坏
5	检查电源和电气系统	确保电源插座、电线和电缆没有破损、裸露或老化现象;检查电气控制柜是否关闭且上锁,防止非授权人员接触
6	检查照明和通风	确保工作区域有足够的照明,便于观察和操作;检查通风系统是否正常运行,确保工作区域空气流通,防止有毒或有害气体聚集
7	检查消防设备	确保工作区域配备了适当的消防设备(如灭火器、消防栓等),并检查其是否处于有效期内
8	检查工具和设备	检查所需工具和设备是否齐全、完好,没有损坏或缺失部分;确保所有工具和设备都放置在指定位置,便于取用且不会妨碍机器人运行

五、工作模块的安装要求和固定方法

工作模块安装要求和固定方法见表6-9。

表6-9 工作模块安装要求和固定方法详解

工作模块安装要求	匹配性(确保工作站模块与工业机器人型号和规格相匹配,以保证机械接口、电气接口以及通信协议的兼容性)
	精度(安装时,需保证工作站模块的定位精度,这直接影响到机器人执行任务的准确性)
	稳固性(工作站模块应安装稳固,防止因振动或外力作用导致的位移或松动)
工作模块固定方法	螺栓固定(大多数工作站模块都通过螺栓或螺钉固定。螺栓或螺钉的选择应基于模块的质量、受力情况以及振动情况等因素)
	定位销固定(为了提高定位精度和防止错位,可以在安装面上设置定位销孔,并在工作站模块上设置相应的定位销)

六、气动系统的工作原理和检查方法

工作原理:气动系统利用压缩空气作为能源,通过控制元件(如电磁阀)和执行元件(如气缸、气动马达)来实现机械动作。当压缩空气进入气动系统时,它会通过管路传输到各个气动元件中。在电磁阀的控制下,压缩空气可以流入或流出气缸,使气缸的活塞杆伸出或缩回,从而驱动机器人执行相应的动作。

气动系统检查方法见表6-10。

表6-10 气动系统检查方法详解

序号	检查步骤名称	主要工作内容
1	检查管路连接	首先,要检查气动系统的管路是否连接牢固,无松动、断裂或漏气现象。包括检查管路之间的接头、弯头、三通等连接部位
2	检查气缸	气缸是气动系统的主要执行元件,需要检查气缸的活塞杆是否灵活、无卡滞现象,气缸的密封性能是否良好,无漏气现象。可以通过观察气缸运动时的声音、速度和稳定性来判断其工作状况
3	检查气动元件	除了气缸和电磁阀外,还需要检查其他气动元件,如气动马达、气动泵、气动夹具等,确保它们都能正常工作
4	检查压力表和减压阀	压力表用于显示气动系统的压力值,减压阀用于调节系统压力。需要检查压力表的读数是否准确,减压阀的调节是否灵活可靠

七、急停控制功能的测试方法

示教器急停按钮:通过向控制器发送停止信号来停止机器人的运动。这种方式不会直接切断机器人的电源,而是使机器人以受控的方式停止,适用于在编程、调试和维修等需要实时

控制机器人运动状态的场景。

测试方法：在机器人运动过程中，按下示教器上的急停按钮，看机器人是否停止，示教器上是否出现紧急停止的提示。解除紧急停止状态则需要松开急停按钮，点击控制柜上的上电按钮再次上电。

控制柜急停按钮：通过直接切断机器人的电源来实现急停。这种方式可以迅速、有效地停止机器人的运动，防止意外发生。适用于在紧急情况下需要立即停止机器人运动以防止意外发生的场景。

测试方法：在机器人运动过程中，按下控制柜上的急停按钮，看机器人是否停止，示教器上是否出现紧急停止的提示。解除紧急停止状态则需要松开急停按钮，点击控制柜上的上电按钮再次上电。

八、接地保护系统的检查方法

接地保护系统检查方法见表6-11。

表6-11　接地保护系统检查方法

目视检查	①检查接地线是否完好，无断裂、磨损或裸露现象 ②检查接地线连接点是否牢固，无松动或腐蚀现象 ③检查接地线的颜色是否符合标准（通常为黄绿色）
电阻测试	①使用万用表对接地电阻进行测试 ②在测试前，确保所有与接地系统相连的设备都已关闭，并断开与电源的连接

九、示教轨迹描绘程序图示

示教轨迹描绘程序图示如图6-3所示。

图6-3　示教轨迹描绘程序

任务实施

一、工业机器人搬运工作站运行维护前的准备

步骤	说明	图　示
1	根据搬运工作站运行与维护工具清单选择合适的工具,并进行检查	
2	穿戴防护设备,确保电源关闭,对工作区域进行安全检查,确保无安全隐患	

二、工业机器人机械系统维护

步骤	说明	图　示
1	检查机器人本体安装位置和紧固状态,如有松动,正确选用和使用工具,规范操作,拧紧松动的螺钉	

步骤	说明	图　示
2	检查工业机器人本体上的安全标识信息标签,并写出各参数含义	
3	完成搬运模块的位置安装及固定,要求模块安装牢固可靠,安装完成后记录横向安装尺寸与纵向安装尺寸	
4	检查真空夹爪气动系统的连接与密封状况是否良好,将密封不好的气管进行更换,调节工作站气压至指定气压(0.4~0.8 MPa)	

三、工业机器人电气系统维护

步骤	说　明	图　示
1	逐一操作工作站设备急停按钮,确认急停功能是否正常,对于出现急停功能失效的急停回路进行检修,并记录故障原因	
2	解除示教器上的急停报警信息	
3	使用示教器进行传感器信号检测,检查工业机器人控制系统物料,检测传感器的线路连接情况是否正常	
4	正确选用工具,检查机器人控制柜接地保护系统是否良好	

四、工业机器人运行检查

步骤	说　明	图　示
1	创建并定义工件坐标系,工件坐标系名称应与轨迹描绘程序 R_track( )里的工件坐标系名称相同	
2	打开示教器里名称为 R_track( )的轨迹描绘程序,示教轨迹描绘程序(参考轨迹如图 6-3 所示)里各目标点位置	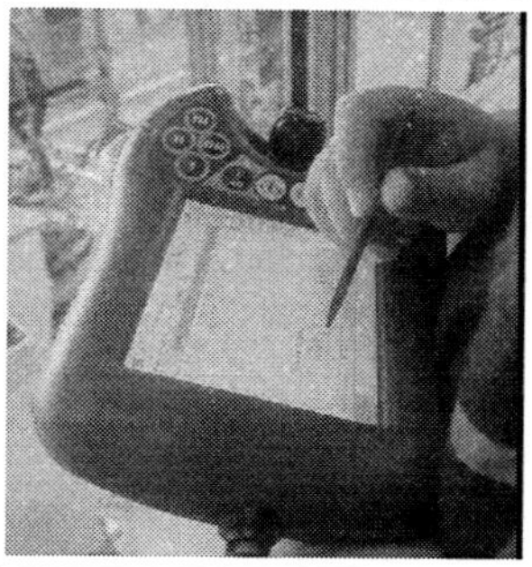
3	分别手动调试、连续自动运行轨迹描绘程序,机器人运行速度倍率为 70%	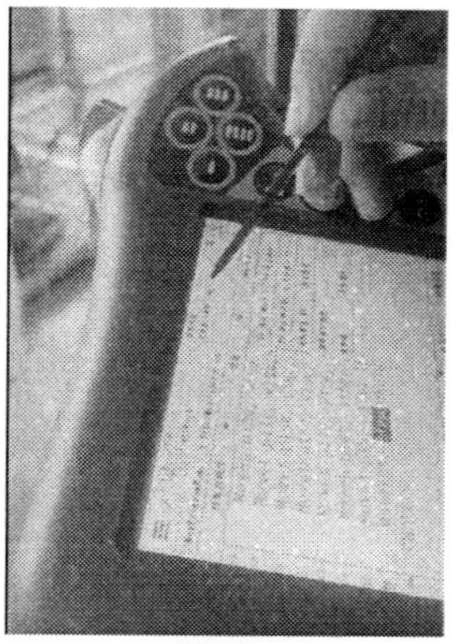 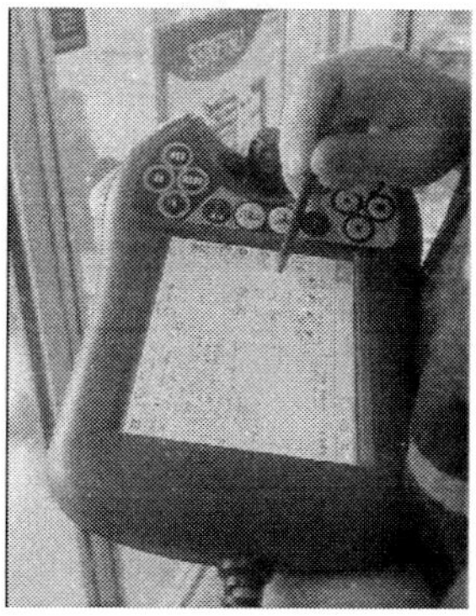

续表

步骤	说明	图 示
4	将轨迹描绘程序备份在 U 盘里	

五、工业机器人运行与维护工作现场整理

步骤	说明	图 示
1	按照实训管理规定,整理示教器及电缆,清理工业机器人工位及环境卫生	
2	检查搬运工业机器人运行维护过程性资料是否完整,并按照规定交由教师审核	

项目七

工业机器人视觉应用

📖 学习目标

知识目标

- 掌握 Socket 指令的用途。
- 掌握 Str 字符串数据的用途。

技能目标

- 能够配置视觉软件。
- 能够编写工业相机与远程计算机的连接程序。
- 能够编写工业相机数据读取程序。

思政目标

- 通过精细化的视觉软件配置、程序编写等过程,引导学生追求精益求精,注重细节,培养耐心、专注和持续改进的态度,培养学生的工匠精神。
- 让学生认识到工业机器人的视觉应用技术是国家科技实力的重要体现,通过学习和掌握这项技术,可以为国家的科技进步和产业升级做出贡献,从而激发学生的爱国情怀和民族自豪感。

任务 工业机器人视觉分拣工作站调试

任务描述

随着智能制造技术的不断发展,视觉分拣技术已成为提升生产效率与精度的关键手段。某企业为进一步优化生产流程,提高分拣作业的自动化与智能化水平,决定引入工业机器人视觉分拣工作站。现需对该工作站进行全面调试,确保其能够稳定、高效地运行,满足实际生产需求。工业机器人视觉分拣工作站如图 7-1 所示,按下示教器启动按钮启动机器人,机器人需要完成出料、视觉分拣、取料、放料的工作流程,当完成所有产品的分拣后机器人回到原点位置进行待命,停止工作。

图 7-1　工业机器人视觉分拣工作站

知识准备

一、熟悉 Socket 指令的操作及其应用

1. SocketCreate(创建新套接字)

(1)概念

SocketCreate 用于针对基于通信或非连接通信的连接,创建新的套接字。

(2)示例

```
SocketCreate ComSocket;
```
创建使用流型协议 TCP/IP 的新套接字设备,并分配到变量 ComSocket 中。

变量 ComSocket 如图 7-2 所示。

图 7-2　变量 ComSocket

2. SocketConnect(连接远程计算机)

（1）概念

SocketConnect 用于将套接字与客户端应用中的远程计算机相连。

（2）示例

```
SocketCreate ComSocket,"192.168.8.10",23;
尝试与 ip 地址 192.168.8.10 和端口 23 处的远程计算机相连。
```

3. SocketSend(向远程计算机发送数据)

（1）概念

SocketSend 用于向远程计算机发送数据。SocketSend 可用于客户端和服务器应用。

（2）示例

```
SocketSend ComSocket \Str:="admin \0d \0a";
将消息"admin"发送给远程计算机。
（注:admin 为视觉软件的用户账号）
SocketSend ComSocket \Str:="SW8 \0d \0a";
将消息" SW8"发送给远程计算机。
（注:SW8 为触发拍照信号）
SocketSend ComSocket \Str:="gvPattern_1.Pass \0d \0a";
将消息"gvPattern_1.Pass"发送给远程计算机。
（注:gvPattern_1.Pass 为时间图案数据参数）
```

4. SocketReceive(接收来自远程计算机的数据)

（1）概念

SocketReceive 用于接收来自远程计算机的数据。SocketReceive 可用于客户端和服务器应用。

（2）示例

```
SocketReceive ComSocket \Str:=stReceived;
从远程计算机接收数据,并将其存储在字符串变量 str_data 中。
```

二、熟悉 Str 字符串类型应用

1. Strlen(获取字符串长度)

（1）概念

Strlen 用于发现一个字符串的当前长度。

（2）示例

```
Length:=Strlen(stReceived);
变量 Length 被赋值为 8。
```

2. Strmatch（在字符串中搜索模板）

（1）概念

Strmatch 用于在始于一个指定位置的一个字符串中搜索一个特定模板。

（2）示例

```
Found:= Strmatch(stReceived,1,"User");
```
变量 Found 被赋"stReceived"中的值。

3. StrPart（寻找一部分字符串）

（1）概念

StrPart 用于寻找一部分字符串，以作为一个新的字符串。

（2）示例

```
①RED:=StrPart(Result,4,7);
```
变量 RED 被赋"Result"中的值。

（读取第四位至第七位之间的值）

```
②YELLO:=StrPart(Result1,4,7);
```
变量 YELLO 被赋"Result1"中的值。

（读取第四位至第七位之间的值）

```
③BLUE:=StrPart(Result2,4,7);
```
变量 BLUE 被赋"Result2"中的值。

（读取第四位至第七位之间的值）

4. StrToVal（将一段字符串转换为一个值）

（1）概念

StrToVal 用于将一段字符串转换为任意数据类型的一个值。

（2）示例

```
①bOK:=StrToVal(RED,RED1)
```
假定变量 bok 的值为 TRUE，并假定变量 RED1 的值为字符串 RED 中固定的值。

```
②bOK:=StrToVal(YELLO,YELLO1)
```
假定变量 bOK 的值为 TRUE，并假定变量 YELLO1 的值为字符串 YELLO 中固定的值。

```
③bOK:=StrToVal(BLUE,BLUE1)
```
假定变量 bOK 的值为 TRUE，并假定变量 BLUE1 的值为字符串 BLUE 中固定的值。

任务实施

一、Is-Sight 视觉配置设定

1. 搜索相机

步骤	说明	图　示
1	通信连接	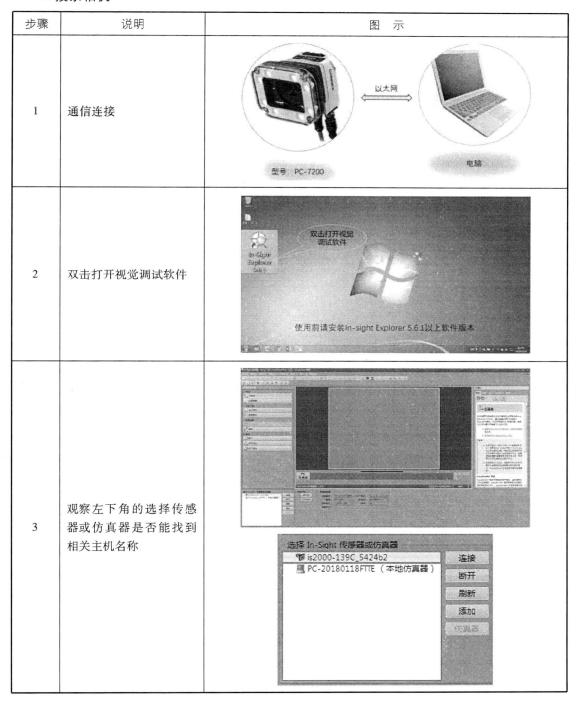
2	双击打开视觉调试软件	
3	观察左下角的选择传感器或仿真器是否能找到相关主机名称	

续表

步骤	说明	图　示
4	在菜单栏中找到"系统"，并点击	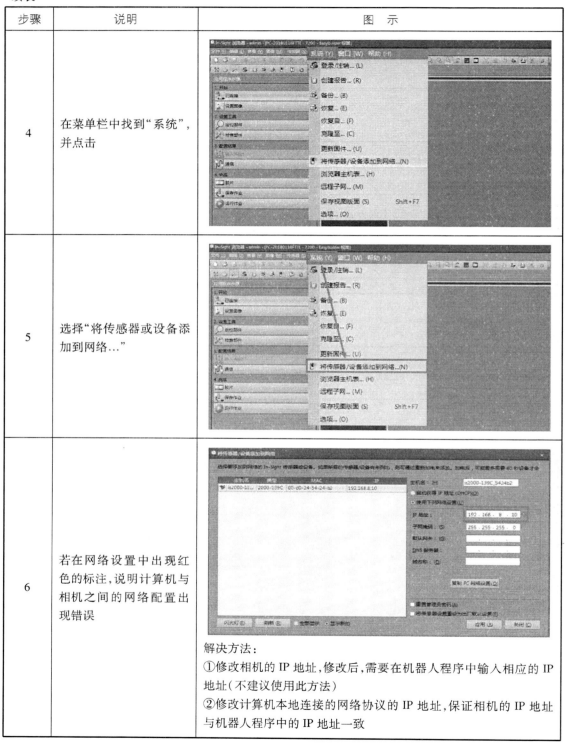
5	选择"将传感器或设备添加到网络…"	
6	若在网络设置中出现红色的标注，说明计算机与相机之间的网络配置出现错误	解决方法： ①修改相机的 IP 地址，修改后，需要在机器人程序中输入相应的 IP 地址（不建议使用此方法） ②修改计算机本地连接的网络协议的 IP 地址，保证相机的 IP 地址与机器人程序中的 IP 地址一致

续表

步骤	说明	图 示
7	修改计算机本地连接的网络协议的 IP 地址	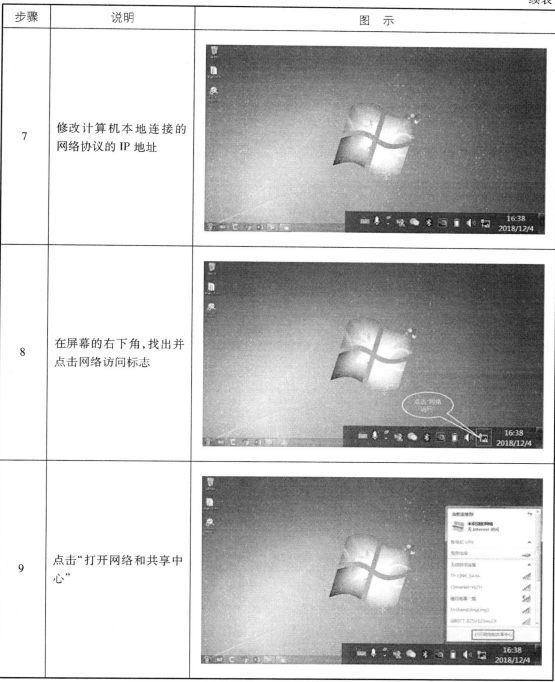
8	在屏幕的右下角,找出并点击网络访问标志	
9	点击"打开网络和共享中心"	

续表

步骤	说明	图　示
10	点击"本地连接"	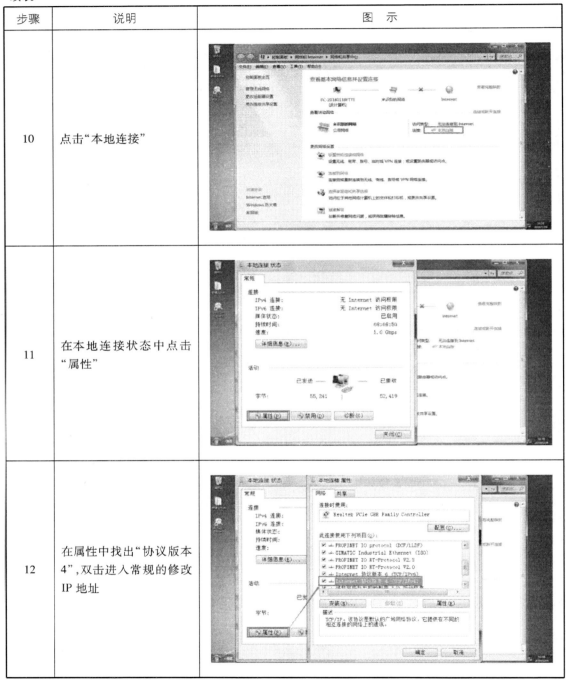
11	在本地连接状态中点击"属性"	
12	在属性中找出"协议版本4",双击进入常规的修改IP地址	

步骤	说明	图　示
13	将"自动获得 IP 地址"改为"使用下面的 IP 地址"	（按相机网络配置输入相应的 IP 地址以及子网掩码即可） 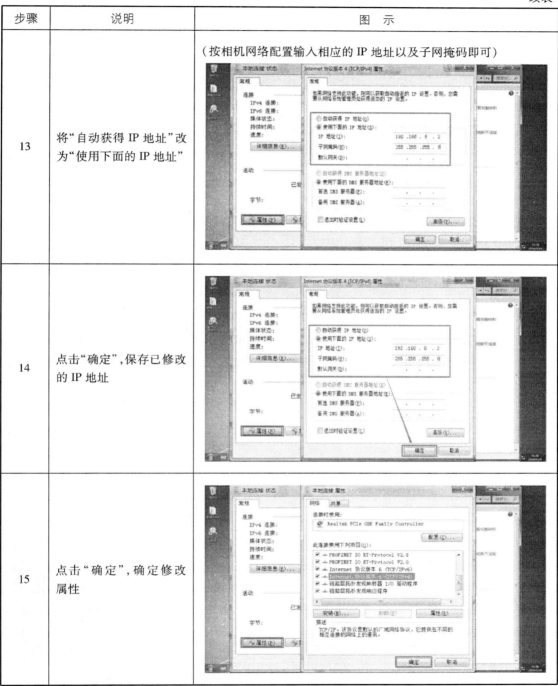
14	点击"确定"，保存已修改的 IP 地址	
15	点击"确定"，确定修改属性	

续表

步骤	说明	图　　示
16	正确修改 IP 地址后,点击左下角的闪光灯	（在相机的网络设置中若没有红色的标注,说明 IP 地址正确） 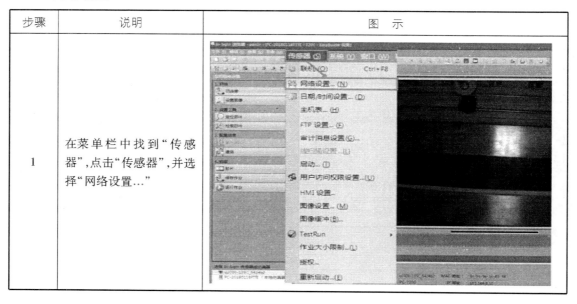
17	若相机灯在闪烁,说明计算机与相机之间的通信成功	

2. 网络设置

步骤	说明	图　　示
1	在菜单栏中找到"传感器",点击"传感器",并选择"网络设置…"	

步骤	说明	图　示
2	检查 Telnet 端口是否为23,以及工业以太网协议是否为 EtherNet/IP	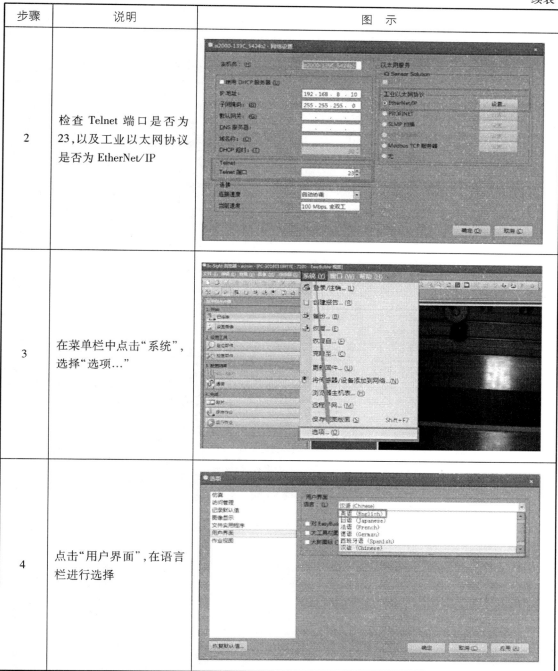
3	在菜单栏中点击"系统",选择"选项…"	
4	点击"用户界面",在语言栏进行选择	

续表

步骤	说明	图　示
5	点击"英语（English）"，并点击"应用"，点击"确定"	（需要关闭软件，重新启动软件即可）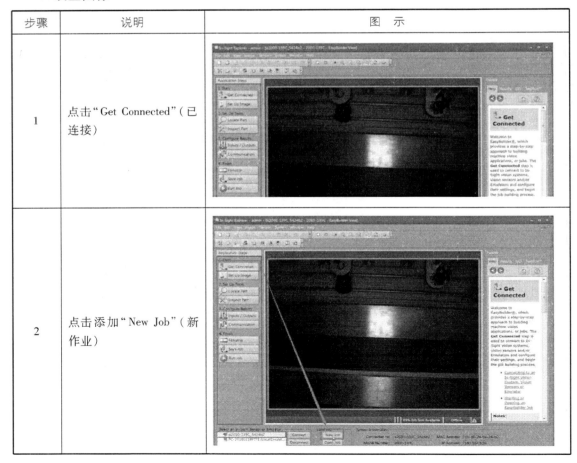

3. 设置图像

步骤	说明	图　示
1	点击"Get Connected"（已连接）	
2	点击添加"New Job"（新作业）	

续表

步骤	说明	图 示
3	点击"新作业"后,系统提示是否清除当前作业的所有数据,在此选择"Yes"(是)	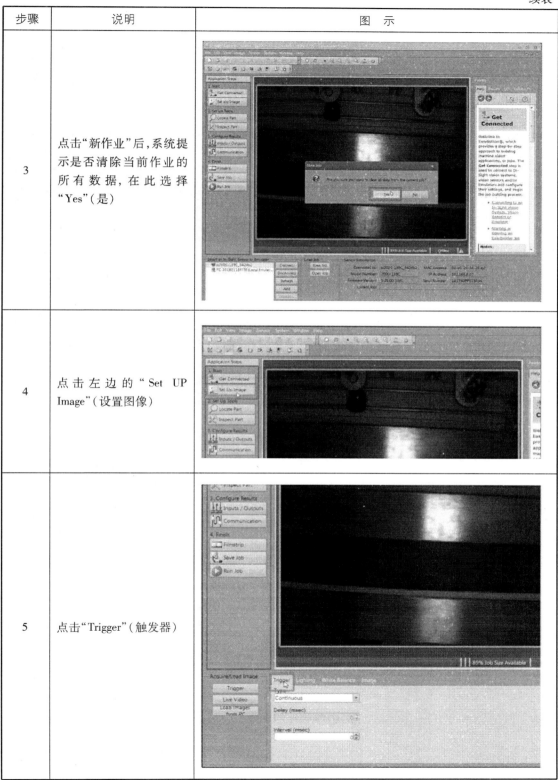
4	点击左边的"Set UP Image"(设置图像)	
5	点击"Trigger"(触发器)	

续表

步骤	说明	图示
6	选择"Industrial Ethernet"（工业以太网）的形式进行触发	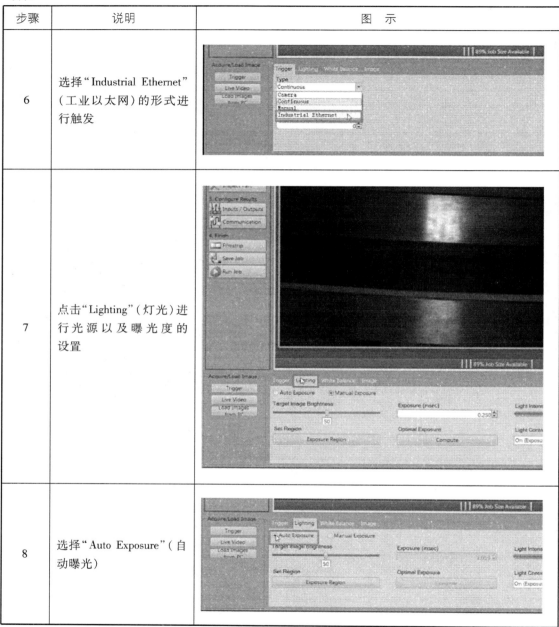
7	点击"Lighting"（灯光）进行光源以及曝光度的设置	
8	选择"Auto Exposure"（自动曝光）	

步骤	说明	图　示
9	进行调节灯光的亮度,根据当时环境的情况调至合适的亮度即可	
10	调节光源的强度,避免发生过度曝光,导致取材是发生误差	
11	点击"Image"进行拍照图像范围设置,使相机聚焦到指定的空间内进行取材	

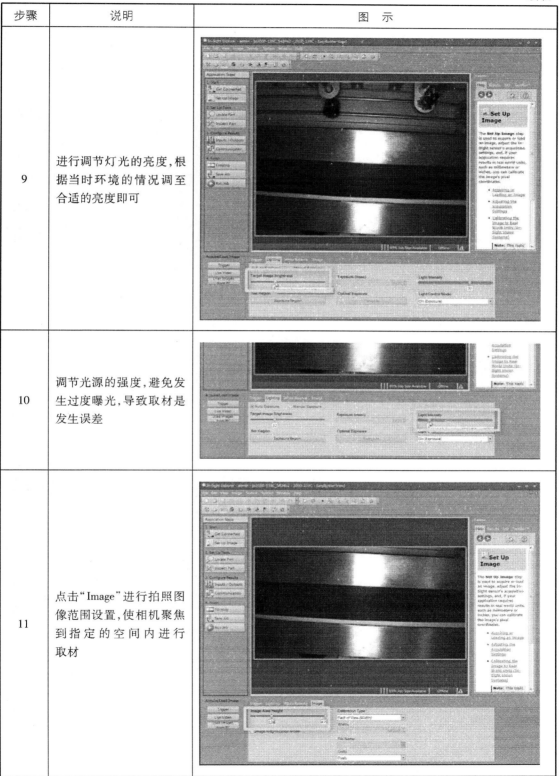

4.设置工具

步骤	说明	图 示
1	在设置工具栏中点击"Locate Part"(定位部件)	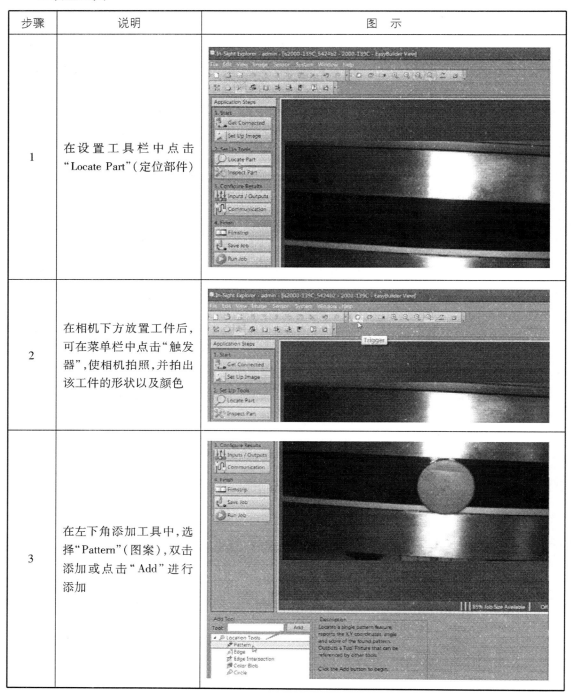
2	在相机下方放置工件后,可在菜单栏中点击"触发器",使相机拍照,并拍出该工件的形状以及颜色	
3	在左下角添加工具中,选择"Pattern"(图案),双击添加或点击"Add"进行添加	

续表

步骤	说明	图　示
4	设置工件的位置,在此建立工件模型区域,设定时需要保证此位置为工件模型出现的区域	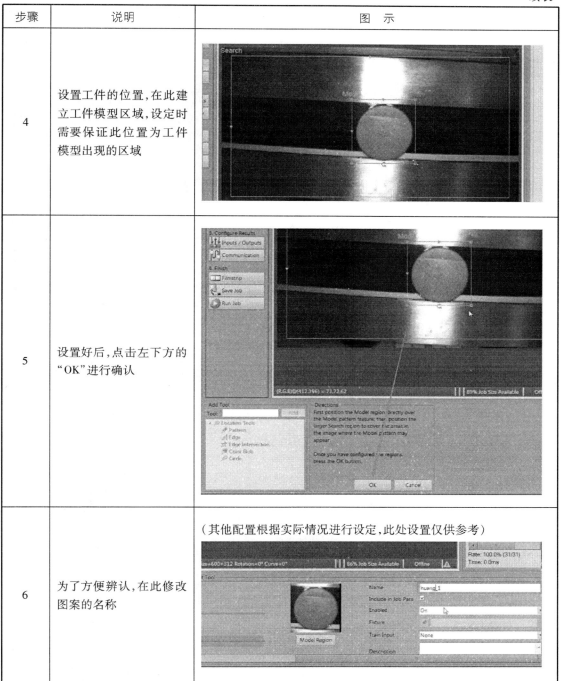
5	设置好后,点击左下方的"OK"进行确认	
6	为了方便辨认,在此修改图案的名称	(其他配置根据实际情况进行设定,此处设置仅供参考)

续表

步骤	说明	图　示
7	点击"Inspect Part"，进行设置相机检测功能	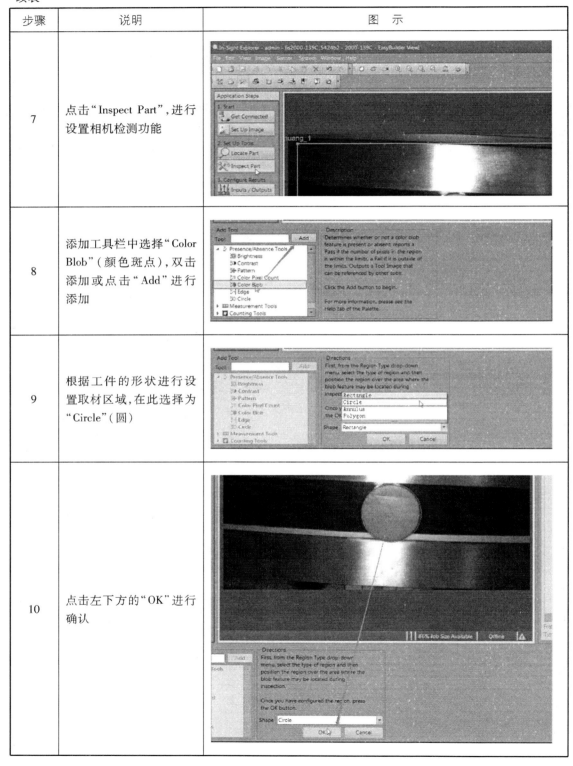
8	添加工具栏中选择"Color Blob"（颜色斑点），双击添加或点击"Add"进行添加	
9	根据工件的形状进行设置取材区域，在此选择为"Circle"（圆）	
10	点击左下方的"OK"进行确认	

步骤	说明	图 示
11	为了方便辨认,在此修改工具的名称	
12	点击"Settings"进行颜色分辨设置	
13	选择色库,定义工具将引用的颜色库	(作业最多可包含 5 个颜色库)
14	点击"Train Color"(训练颜色),定义所选颜色库的颜色模型	
15	点击"New Model"(添加颜色模型),进行色素存储	

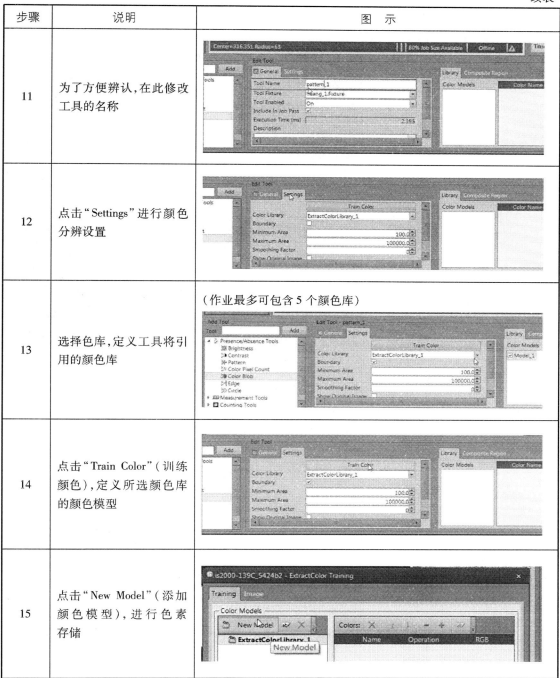

续表

步骤	说明	图示
16	点击"Add New Color"(加上新颜色)	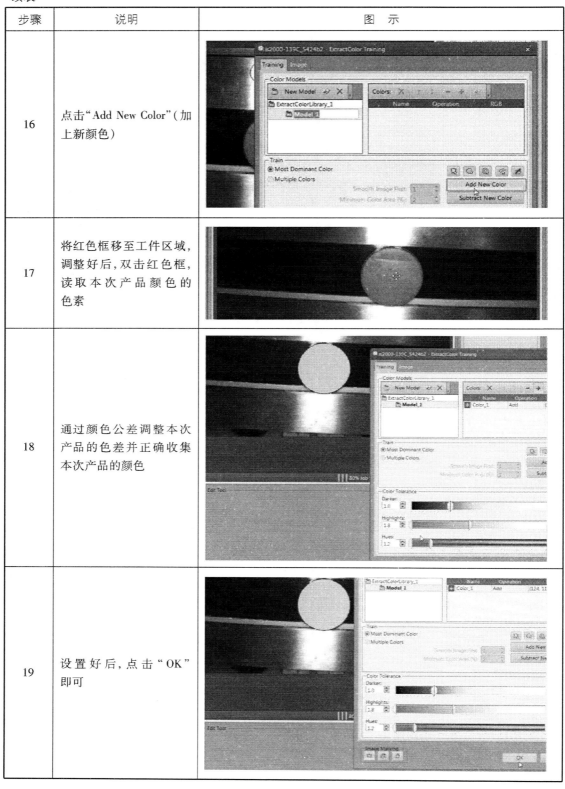
17	将红色框移至工件区域,调整好后,双击红色框,读取本次产品颜色的色素	
18	通过颜色公差调整本次产品的色差并正确收集本次产品的颜色	
19	设置好后,点击"OK"即可	

续表

步骤	说明	图　示
20	在颜色库中找到本次的颜色模型,并将本次模型进行打勾,若有其他的模型将其去掉钩即可	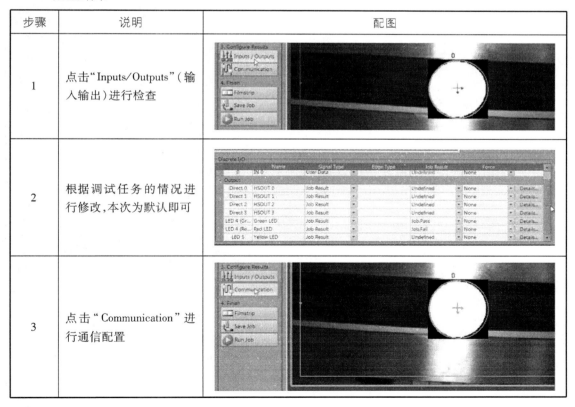

5. 配置结果

步骤	说明	配图
1	点击"Inputs/Outputs"(输入输出)进行检查	
2	根据调试任务的情况进行修改,本次为默认即可	
3	点击"Communication"进行通信配置	

续表

步骤	说明	配图
4	点击"Add Device"（添加通信设备）进行通信	
5	选择"Other"（其他）	
6	选择"Protocol"（通信协议）	
7	选择"Serial Native"作为本次通信协议	
8	点击"OK"，添加成功	
9	点击"Format String"（格式字符串）进行设置	

续表

步骤	说明	配图
10	点击"Add"添加通信字符串	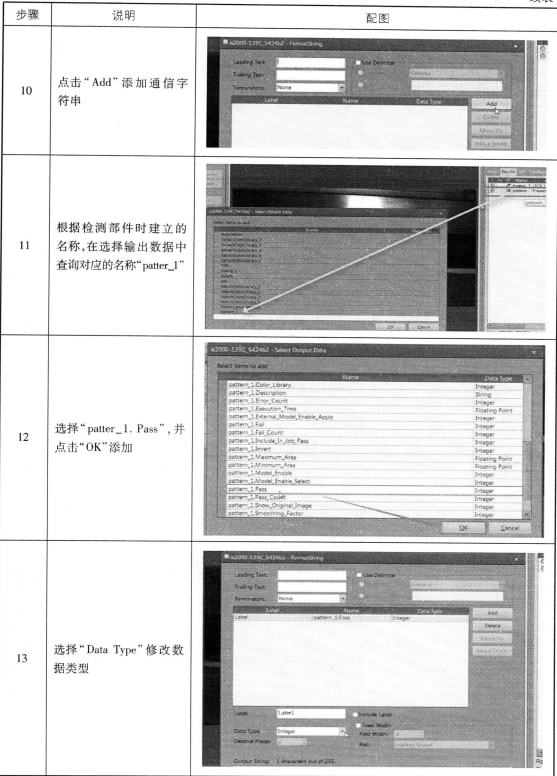
11	根据检测部件时建立的名称,在选择输出数据中查询对应的名称"patter_1"	
12	选择"patter_1. Pass",并点击"OK"添加	
13	选择"Data Type"修改数据类型	

续表

步骤	说明	配图
14	选择"Floating Point",设置为浮点型	
15	点击"OK",完成格式字符串配置	
16	点击"Serial Port Settings",核对串口设置是否一致	

6. 完成保存

步骤	说明	图示
1	点击"Filmstrip"(胶片),参考本次的设置	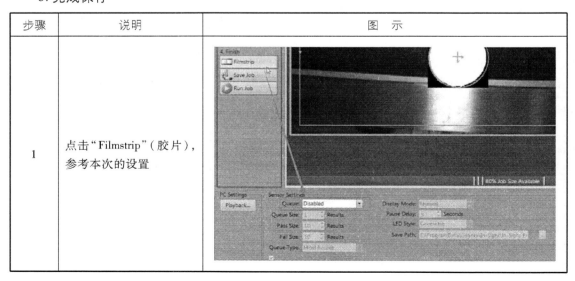

续表

步骤	说明	图　示
2	点击"Save Job"（保存作业），再点击"Save"（保存）	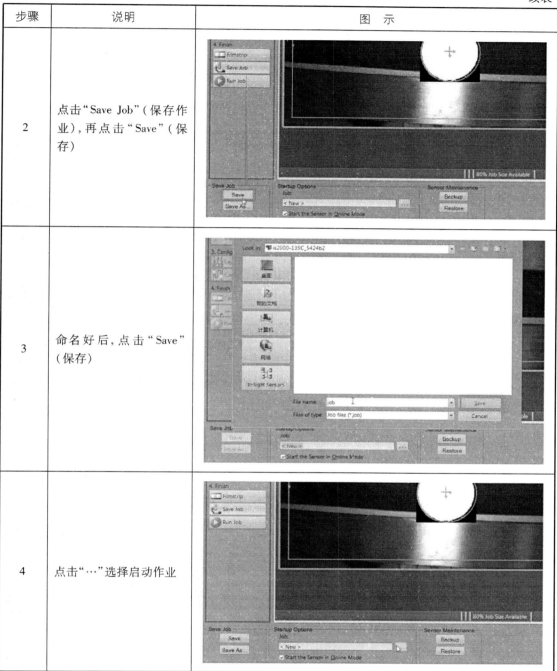
3	命名好后，点击"Save"（保存）	
4	点击"…"选择启动作业	

续表

步骤	说明	图　示
5	在启动时加载作业中打钩,选择本次作业,点击"OK",方可看到本次运行的作业	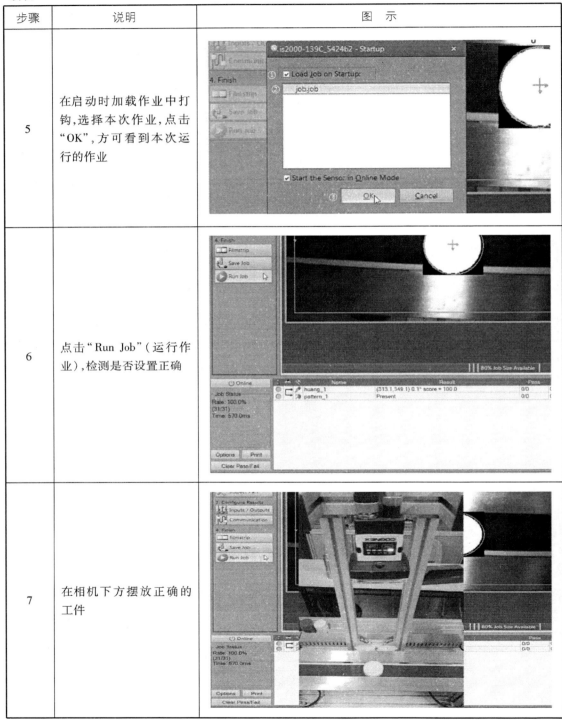
6	点击"Run Job"(运行作业),检测是否设置正确	
7	在相机下方摆放正确的工件	

续表

步骤	说明	图　示
8	点击菜单中的触发器,进行拍照	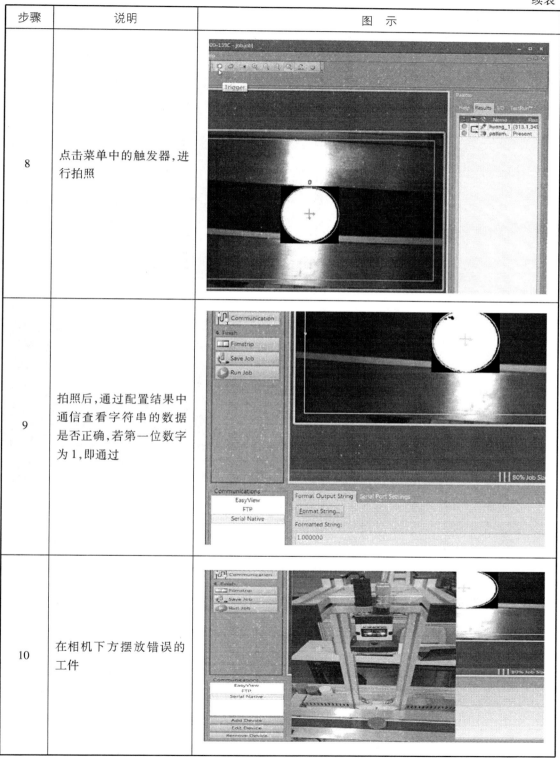
9	拍照后,通过配置结果中通信查看字符串的数据是否正确,若第一位数字为1,即通过	
10	在相机下方摆放错误的工件	

续表

步骤	说明	图 示
11	点击菜单中的触发器,进行拍照	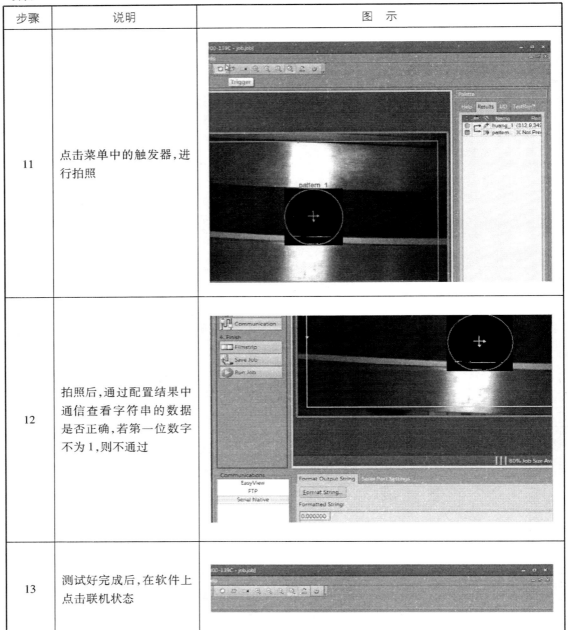
12	拍照后,通过配置结果中通信查看字符串的数据是否正确,若第一位数字不为1,则不通过	
13	测试好完成后,在软件上点击联机状态	

续表

步骤	说明	图 示
14	系统提示是否进行联机，点击"Yes"（是）	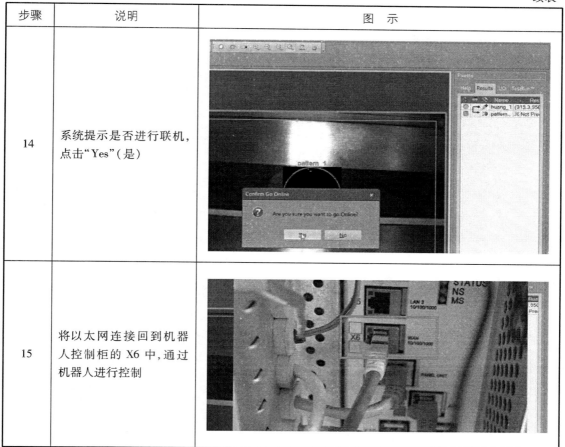
15	将以太网连接回到机器人控制柜的 X6 中，通过机器人进行控制	

二、工业机器人视觉程序编写

1. 编写机器人视觉通信连接程序

示例程序

PROC Vcc（视觉通信连接程序）

```
1.SocketCreate ComSocket ;
 ！创建新的套接字,主要用于针对基于通信或非连接通信的连接,在此将其命名为 ComSocket。
2.SocketConnect ComSocket ,"192.168.8.10", 23 ;
 ！通过创建套接字,并尝试连接远程计算机,此时输入的 IP 地址需要与相机的 IP 地址一致。如果未
能在 30 s 内建立连接,将会在下面的程序中,做出处理。
3.SocketReceive ComSocket \Str:=stReceived;
 ！通过接收相机中主机名称,从中反馈主机名的数据,并将其数据存储在字符串变量中。
4.Length:=strlen (stReceived) ;
 ！通过赋值指令进行获取字符串变量的长度,并保存到变量 Length 中。
```

5.found:=strmatch(stReceived , 1 ,"User:");

！通过赋值指令进行搜索模板 User,并返回对应的值,将其数据存储到变量 found 之中,若没有发现此类字符串,则返回字符串长度为1;

6.IF found = length+1 THEN

！通过判断指令进行判断相机与机器人是否已建立通信,如果通信上,将跳过该判断指令中的内容;如果没有通信上,机器人是不会收到任何数据,则这时变量 Length 等于0,found 等于1,那么判断的条件将成立,即将执行判断指令中的内容。

7.TPErase;

！通过清屏指令,使机器人示教器屏幕显示的内容进行清空。

8.TPWrite "Vision Login Error (User Prompt)";

！通过写屏指令,使示教器屏幕显示双引号里面的内容,此提示为视觉登录错误。

9.Stop;

！发生错误后,程序停止运行。

10.ENDIF

！结束判断指令。

11.SocketSend ComSocket \Str:="admin\0d\0a";

！若机器人与视觉通信上后,将输入登录视觉的账号,将向远程计算机发送登录账号:admin 作为账号,其中0d 代表回车,0a 代表换行。

12.SocketReceive ComSocket \Str:=stReceived;

！通过接收数据指令,进行从远程计算机接收数据,并将数据储存于字符串中。

13.IF stReceived <> "Password: " THEN

！通过判断指令进行判断账号是否正确,如果账号正确,那么接收字符串数据为 Password;若不是,则说明账号错误;程序即将执行判断指令中的内容。

14.TPErase;

15.通过清屏指令,使机器人示教器屏幕显示的内容进行清空;

16.TPWrite "Vision Login Error (Password Prompt)";

！通过写屏指令,使示教器屏幕显示双引号里面的内容,此提示为视觉登录错误。

17.Stop;

！发生错误后,程序停止运行。

18.ENDIF

！结束判断指令。

19.SocketSend ComSocket \Str:="\0d\0a";

！账号正确后,需要输入视觉密码进行登录,将向远程计算机发送登录密码:在视觉中没有设置密码,所以输入空的字符,其中0d 代表回车,0a 代表换行。

20.SocketReceive ComSocket \Str:=stReceived;

！通过接收数据指令,进行从远程计算机接收数据,并将数据储存于字符串中。

21.IF stReceived <> "User Logged In\0d\0a" THEN

！通过判断指令进行判断密码是否正确,如果密码正确,那么接收字符串数据为 User Logged In,表示连接成功;若不是,则说明密码错误;程序即将执行判断中的内容。

22.TPErase;

！通过清屏指令,使机器人示教器屏幕显示的内容进行清空。

23.TPWrite "Vision Login Error (Final Login)";

！通过写屏指令,使示教器屏幕显示双引号里面的内容,此提示为视觉登录错误,并显示最后一次登录。

24.Stop;

！发生错误后,程序停止运行。

25.ENDIF

！结束判断指令。

26.ENDPROC

！结束程序指令。

2. 编写机器人读取相机数据程序

示例程序

PROC Rcd(读取相机数据程序)

1.RED1:=0;

2.YELLO1:=0;

3.BLUE1:=0;

！运行之前需要将相机读取的数据进行复位归零,以防后面发生判断错误。

4.status := SocketGetStatus(ComSocket);

！通过赋值指令获取当前视觉的状态,并存储至 Status 中。

5.IF status <> SOCKET_CONNECTED THEN

！通过判断指令进行判断相机与机器人是否正常,如果正常,将跳过该判断指令中的内容;如果状态的值与判断条件不符合时,则表示机器人与视觉断开了通信,那么判断的条件将成立,即将执行判断指令中的内容。

6.TPErase;

！通过清屏指令,使机器人示教器屏幕显示的内容进行清空。

7.TPWrite "Vision Sensor Not Connected";

！通过写屏指令,使示教器屏幕显示双引号里面的内容,此提示为视觉传感器未连接。

8.Stop;

！发生错误后,程序停止运行。

9.ENDIF

！结束判断指令。

10.SocketSend ComSocket \Str:="sw8 \0d \0a";

！若机器人与视觉通信正常,将输入 SW8,表示让相机拍照,开始定位图块位置,所以 sw8 作为触发拍照,其中 0d 代表回车,0a 代表换行。

11.SocketReceive ComSocket \Str:=stReceived;

！通过接收数据指令,进行从远程计算机接收数据,并将数据储存于字符串中。

12.IF stReceived <> "1 \0d \0a" THEN

！通过判断指令进行判断拍照是否正常,如果正常,那么接收字符串数据为1;若不等于1,则说明机器人与视觉断开了通信;程序即将执行判断中的内容。

13.TPErase;

！通过清屏指令,使机器人示教器屏幕显示的内容进行清空。

14.TPWrite "Vision Error!";

！通过写屏指令,使示教器屏幕显示双引号里面的内容,此提示为视觉误差。

15. Stop;

! 发生错误后,程序停止运行。

16. ENDIF

! 结束判断指令。

17. SocketSend ComSocket \Str:="gvPattern_1.Pass \0d \0a";

! 当机器人与视觉拍照正常,将发送在视觉系统中设置好的图案定位名,所以在此发送第一个图案名,进行接收数据。

18. SocketReceive ComSocket \Str:=Result;

! 通过接收数据指令,进行从远程计算机接收数据,并将数据储存于字符串中。

19. RED:= StrPart(Result, 4, 7);

! 从接收的数据中提取出第一块图案的数据,保存到变量 Red 中。

20. SocketSend ComSocket \Str:="gvPattern_2.Pass \0d \0a";

! 通过发送将输入在视觉中设置好的图案定位名,所以在此发送第二块图案,进行接收数据。

21. SocketReceive ComSocket \Str:=Result1;

! 通过接收数据指令,进行从远程计算机接收数据,并将数据储存于字符串中。

22. YELLO:= StrPart(Result1, 4, 7);

! 从接收的数据中提取出第二块图案的数据,保存到变量 Yello 中。

23. SocketSend ComSocket \Str:="gvPattern_3.Pass \0d \0a";

! 将通过发送将输入在视觉中设置好的图案定位名,所以在此发送第三块图案,进行接收数据。

24. SocketReceive ComSocket \Str:=Result2;

! 通过接收数据指令,进行从远程计算机接收数据,并将数据储存于字符串中。

25. BLUE:= StrPart(Result2, 4, 7);

! 从接收的数据中提取出第三块图案的数据,保存到变量 Blue 中。

26. bOK:=StrToVal(RED,RED1);

! 通过布尔量将读取出来的 Red 数据转化为 Num 类型,并保存于 Red1 中。

27. bOK:=StrToVal(YELLO,YELLO1);

! 通过布尔量将读取出来的 Yello 数据转化为 Num 类型,并保存于 Yello1 中。

28. bOK:=StrToVal(BLUE,BLUE1);

! 通过布尔量将读取出来的 Blue 数据转化为 Num 类型,并保存于 Blue1 中。

29.2.ENDPROC

! 结束程序。

总结思考

1. Socket 指令在工业机器人与相机通信中的作用是什么?

2. Strxxxx 字符串类型在工业机器人程序中的作用是什么?

附 录

附录1 搬运任务分析表

搬运任务分析表

步骤	I/O 配置信息核查	工件搬运任务实操
预计完成时间		
用到的工具		
小组分工		
获取信息	I/O 通信板接线是否对应 I/O 信号配置表?	工件 A 工业机器人搬运路径规划有哪些重要点位?
	I/O 通信板接线是否对应 I/O 单元配置表?	工件 B 工业机器人搬运路径规划有哪些重要点位?
	I/O 信号控制是否有效?	机器人编程结构是怎样的?
		在程序调试过程中遇到了什么问题?

附录 2 I/O 配置表

已核对 I/O 单元配置表

I/O 板地址命名	I/O 板名称	现场总线连接方式	I/O 板地址

已核对 I/O 信号配置表

输入信号(di)名称	XP12 对应编号	地址分配	控制说明
输出信号(do)名称	XP14 对应编号	地址分配	控制说明

附录 3 工件搬运任务评价表

工件搬运任务评价表

学习要点	评价要点	符合程度	备注
IO 配置	I/O 面板接线	基本符合 基本不符合	
	机器人 I/O 板配置	基本符合 基本不符合	
	机器人 I/O 信号配置	基本符合 基本不符合	
程序代码	工件搬运程序代码	基本符合 基本不符合	
调试能力	工件搬运程序的调试	基本符合 基本不符合	
工作效率	工件的搬运	基本符合 基本不符合	
思政素养	社会主义核心价值观	基本符合 基本不符合	
评价等级(A/B/C)			

附录 4　工业机器人搬运工作站运行与维护任务分析表

工业机器人搬运工作站运行与维护任务分析表

步骤	工业机器人搬运工作站运行维护前的准备	工业机器人机械系统维护	工业机器人电气系统维护	工业机器人运行检查	工业机器人运行与维护工作现场整理
预计完成时间					
用到的工具					
小组分工					
获取信息	机器人的型号是什么？ 该工业机器人搬运工作站配置了哪些外围设备？	安全标识信息标签各参数的含义是什么？ 该步骤的工作要求是什么？	该步骤的工作要求是什么？	该步骤的工作要求是什么？	该步骤的工作要求是什么？

附录 5 工业机器人运行与维护记录表

工业机器人运行与维护记录表

日期		维护人员	
机器人型号		工作站名称	
机器人序列号		工作站位置	
运行记录			
运行时间	开始时间：		结束时间：
运行任务			
运行状态 （正常/异常/故障）			
运行效率			
维护保养记录			
维护项目			
维护内容			
维护结果			
故障与排除记录			
故障现象描述			
故障原因分析			
故障排除措施			
故障排除结果			
备注与改进建议			

审核签字：

日期：

附录6 工业机器人搬运工作站运行与维护评价表

工业机器人搬运工作站运行与维护评价表

学习要点	评价要点	符合程度	备注
工业机器人搬运工作站运行维护前的准备	维护工具准备	基本符合　基本不符合	
	工作区域安全检查	基本符合　基本不符合	
工业机器人机械系统维护	机器人本体检查	基本符合　基本不符合	
	搬运模块安装	基本符合　基本不符合	
	气动系统检查	基本符合　基本不符合	
工业机器人电气系统维护	急停功能检查	基本符合　基本不符合	
	传感器连接信号检查	基本符合　基本不符合	
	接地保护系统检查	基本符合　基本不符合	
工业机器人运行检查	轨迹描绘程序示教	基本符合　基本不符合	
	手动运行	基本符合　基本不符合	
	自动运行	基本符合　基本不符合	
	轨迹描绘程序备份	基本符合　基本不符合	
工业机器人运行与维护工作现场整理	工作现场环境整理	基本符合　基本不符合	
	过程性维护资料整理	基本符合　基本不符合	
评价等级（A/B/C）			

参考文献

［1］张春芝,钟柱培,许研妩.工业机器人操作与编程［M］.北京:高等教育出版社,2018.

［2］叶晖,等.工业机器人实操与应用技巧［M］.北京:机械工业出版社,2017.

［3］张超,张继媛.ABB 工业机器人现场编程［M］.北京:机械工业出版社,2017.

［4］何成平,董诗绘.工业机器人操作与编程技术［M］.北京:机械工业出版社,2017.